JN295168

世界文化遺産
富岡製糸場と
明治のニッポン

熊谷充晃

WAVE出版

はじめに

はじめに断っておくと、本書は「富岡製糸場と絹産業遺産群」のガイドブックや観光ガイドではない。どちらかというと副読本のような、明治時代の産業にまつわる雑学本のような体裁となっている。だから幕末から明治にいたる日本国内の、「富岡製糸場と絹産業遺産群」と関係が深そうな歴史について、多くのページを割いている。

これは単純に「遺産群」を知るだけよりも、時代背景や世相なども知って重層的に「富岡製糸場と絹産業遺産群」を眺めるほうが、歴史をもっと楽しめるのではないか、と思ったからだ。いろいろな情報も合わせて見れば、違った発見もしやすくなる。

そういう筆者自身、本企画が動き出す前は、「富岡製糸場と絹産業遺産群」について、ほとんど知識がなかったといってもいい。もちろん「富岡製糸場」は教科書などでも知ってはいたが、あくまでも表面的な知識でしかない。事実を告白すれば、「官営模範工場」の「第1号」だった「富岡製糸場」という程度の認識でしかなく、これに「当時の日本は輸出の多くを生糸に頼っていた」くらいの予備知識が加わる程度だ。

「世界遺産」に登録する、というぐらいだから重要なのは感覚的に理解できても、「明治の建築物が残っているから」以上の理由も思い浮かばないほどで、執筆に際し資料をあたっていくうちに、「おいおい、想像と全然違うぞ！」という感覚が増していったのも事実だ。

そして取材旅行に赴き、決定的に印象が変わった。

「これは、世界遺産に登録してもらっても当然じゃないか！」

と思ったのだ。別に登録されるための運動を支援したとか、そういうことではないのだけれど、気持ちの上では応援団員。そういう立場になった。

かといって、「スゴい、スゴい」を連呼するだけでは書籍として成り立たないので、「富岡製糸場と絹産業遺産群」に関する記述は、できるだけ客観的になるように努めた。

また、「世界遺産」になるということは、国が海外に誇る日本史の〝生き証人〟のようなものになる、ということでもある。

だから本書はページの多くを、幕末から明治時代の日本の姿を描写する、という方針で作り上げている。「富岡製糸場と絹産業遺産群」は確かに重要だが、それ単体で明治時代の産業界を引っ張ったというわけでもなく、そこに関わるさまざまな時代背景や明治人の思考、世相などが反映していると思ったからだ。

そうした、「富岡製糸場と絹産業遺産群」が成立して大きな役割を果たした同時代の事柄についても知れば、もっと深く「富岡製糸場と絹産業遺産群」のことも理解できると考えた。おそらく、「富岡製糸場と絹産業遺産群」のポジションというものが、より明確に示せるのではないか、と考えた。そして事実、著者自身は取材したり調査したりする中で、「富岡製糸場と絹産業遺産群」が与えられた使命や当時の役回りといったものが、以前よりクッキリと把握できるようになったと思っている。

そういう方針で作り上げた書籍なので、できるだけ幅広い読者が手にとってくれれば、という思いから、中学生でも何とか読みこなせるように、と考えて、できるだけ平易な記述を心がけた。

また、「富岡製糸場と絹産業遺産群」を見学しながら、本書に書かれた明治時代の雑学にも目を通してもらえれば、より鮮明に当時の情景をイメージしていただけるものと思っている。現在と過去をつなぐ橋渡しとして、本書を活用していただけたら、著者として望外の喜びだ。

「富岡製糸場と絹産業遺産群」には、本書にも掲載されていない貴重な展示物が、たくさんある。写真では確認できない細かな部分に目を向ければ、読者一人ひとりが違った感慨を抱くものと思う。もしも見学に行ったら、そうした自分だけの楽しみも見つけながら、歴史に親しんでもらえたらと、切に思う。

本書が、歴史を楽しむ一助となりますように……。

熊谷充晃

世界文化遺産 富岡製糸場と明治のニッポン 目次

第1章

「富岡製糸場と絹産業遺産群」が語る、技術立国ニッポンのすごさ――43

第2章

MAPつき!

「富岡製糸場と絹産業遺産群」の秘密——71

第3章

「富岡製糸場」の時代①

——江戸から明治を生きた日本人——105

第4章

「富岡製糸場」の時代②

――世界に勝つ、明治の日本人――145

第5章 世界遺産がもっと面白くなるミニ知識――183

序章

明治のニッポンは、こうして始まった

日本は幕末……そのとき世界は？

日本史の中で「幕末」といえば江戸時代末期のこと。

徳川幕府最後の将軍15代慶喜《よしのぶ》が「大政奉還《たいせいほうかん》」で政治権力を朝廷に返上した1867（慶応3）年までを指す一方で、そのスタート地点は出来事などへの解釈の違いなどでいろいろな捉えかたがある。アメリカのペリー提督が、黒船4隻を率いて浦賀《うらが》にやってきた1853（嘉永《かえい》6）年とするケースが多いが、日本の沿岸にさまざまな外国の船が頻繁に姿を現わすようになった1848（弘化《こうか》5＝嘉永元）年という捉えかたや、もっとさかのぼって「大塩平八郎《おおしおへいはちろう》の乱《らん》」が起きた1837（天保《てんぽう》8）年を起点とする考えかたなどもある。

スタート地点をどこに置くかは、徳川家の幕府による「幕藩体制《ばくはんたいせい》」という政治の仕組みが、いつごろから揺らぎ始めたのか、ということを軸に考えることが多い。そこで、どういった出来事が幕藩体制の崩壊に大きな影響を及ぼしたのかをめぐって、解釈の違いがいろいろあるのは、ある意味で当然のことなのだ。

この時代を歴代将軍に当てはめると、大塩平八郎の乱が起きた年は「大御所《おおごしょ》」と呼ばれて半世紀もの長期間、将軍の座にあった11代将軍家斉《いえなり》が嫡子の家慶《いえよし》に将軍位を譲った年で、ペリー来航の年に没した彼の後を嫡子の家定《いえさだ》が継いで、13代将軍となった。家定の正室は、ドラマで有名になった天璋院篤姫《てんしょういんあつひめ》だ。1858（安政《あんせい》5）年に家定が病没すると後継者争いが起こり、「南紀派」と呼ばれた勢力が推していた家茂《いえもち》が14代目に就任。彼と将軍職を争った「一橋派」の慶喜は将軍後見人となり、家茂がわずか20歳で病没した1866（慶応2）年に将軍職を継いだ。

本書では幕末期のスタート地点を、もっとも一般的だと思える1853年に置く。日本が「幕末」を迎えた当時の国際社会は、どのようになっていたのだろうか。まずはペリーが来航した1853年前後の国際情勢を簡単に見ていこう。

当時の国際社会で、経済力でも軍事力でも抜きん出た存在だったのはイギリスだった。世界各地に植民地を持ち、その植民地からもたらされる産業資源などをフル活用して、経済的にも潤っていた。もちろんイギリスは、「産業革命」を世界で最初に経験していて、すでに工業力が特に高かった国でもある。海洋帝国として海軍力では世界トップとされていた国でもあり、ペリー来航の4年前にはインドの完全な植民地化も終えていた。

イギリスに次いで世界の強国と目されていたのはフランスだ。ペリー来航の前年にルイ・ナポレオン（ナポレオン3世）が皇帝となり、1858年にはインドシナに出兵、サイゴン（現ベトナムの首都ホーチミン）を占領してコーチシナと呼ばれる地域を割譲させ、カンボジアを保護国化した。この後も着実にインドシナ半島に勢力圏を広げていく。

ペリー来航と同じ年にプチャーチンを日本に派遣して、開国を求めてきた帝政ロシアは、その翌年からイギリスやフランスの援助を受けたオスマン・トルコ帝国とのクリミア戦争に突入。ロシアの南下政策に脅威を感じるイギリスとの摩擦がどんどん大きくなっていった。

こうした国々が、世界中を自国の勢力圏にしようと覇権を争う時代で、植民地化されていない最後の地域が、ヨーロッパからは遠い「極東」の東アジアだった。

アジアで一番の大国とされていた中国はどのような状況だったのだろうか。

1851年に起きた「太平天国の乱」などで清朝の支配力に翳りが見えると、英仏をはじめとする「列強」は次のターゲットとして中国に狙いを定める。インド産のアヘン密輸入が原因となって、イギリスと清が1840年から2年以上戦った「アヘン戦争」や、イギリス籍の船舶をめぐる「アロー号事件」から1857年にはじまった「アロー戦争（第2次アヘン戦争）」などで、中国各地は次々と列強の勢力範囲とされていった。同時に列強各国と清との間に、さまざまな「不平等条約」も結ばれている。

アメリカは「帝国主義国」の中では後発だ。そもそも建国が1783年で、当時はまだ国ができて100年ほどしか経っていなかった。共和党が発足して二大政党制になるのも1854年で、これから国際社会での立場を大きくしようとしている時期。アメリカ史上最大規模の内乱である「南北戦争」が起きるのは、1861年のことなのだ。そのアメリカは、1848年にカリフォルニアで金鉱が発見されて、「ゴールドラッシュ」に湧いていた時期でもある。

国内統一が遅れていたドイツは、プロイセン宰相ビスマルクが、有名な「鉄血演説」をしたのが1862年。ビスマルクの巧みな外交で着実に国家としての実力を蓄え、1871年にプロイセン国王ヴィルヘルム1世がドイツ皇帝となってドイツは統一される。ほかに長い歴史とヨーロッパでの影響力を誇る、当時はドイツと争っていたオーストリア帝国なども、当時の国際社会で「強国」とされる存在だった。

このように、ヨーロッパ列強が互いに争ったり手を取り合ったりしながら世界各地に影響力を強め、アジアに対して強大な力を及ぼしつつあるとき、日本は「幕末」という波乱に満ちた時代に突入していたのだ。

ペリー来航……そのとき日本は？

ペリーが浦賀に来航した1853（嘉永6）年当時の日本国内は、どのような政治状況だったのだろうか。

ペリー来航の3日後、12代将軍の家慶が病気に臥せってしまう。ペリーに対してどのように対処すべきかを決める重要な時期に、国のトップが倒れてしまったのだ。約2週間の闘病の末に家慶は他界してしまい、混乱する幕府は当面の政治体制を整えた上で将軍の死を公表し、13代将軍家定の将軍就任にこぎつける。家定は30歳になっていたが子供のころから病弱で、世継ぎも生まれていなかった。そのため、ペリー来航問題のほかに、次の将軍を誰にするのかという「将軍継嗣問題《しょうぐんけいしもんだい》」も急浮上することになってしまった。

ペリーの要求は主に次の3点だった。

ひとつは、日本沿岸に漂着したアメリカ人漂流民を保護すること。

ふたつ目は、日本にやってきたアメリカ船舶に、薪水や食料を補給すること。

最後に、日本とアメリカとの間の貿易を盛んにすること。

当時の日本は「鎖国」をしていた。厳密には「海禁」という政策で、これによって日本人が自由に海外と行き来することを禁じ、外国人が日本に自由に出入りすることも禁じ、貿易や国際交渉などは幕府が一手に引き受ける、ということを決めたものだ。江戸時代初期から、徳川幕府はさまざまな国々と自由に貿易するという方針は採っておらず、当時もオランダや清など、ごく限られた国としか国交を開いてはいなかった。

それを考えるとペリーの要求は、これまでの幕府の政策を180度転換するようなものだ。そしてペリーは、日本に要求を飲ませるための「砲艦外交」を行使する。つまり、連れてきた軍艦を使ってデモンストレーションをおこない、日本を無言で脅してきたのだ。

当時の幕府は、「オランダ風説書《ふうせつがき》」と呼ばれる、国交を開いているオランダからもたらされた情報によって、国際社会の動きを知ることができていた。アヘン戦争でアジアの大国・清がさんざんに打ち破られたことも知っていたし、ペリー来航の1年前にはすでに「ペリー来航」の予定まで知っていた。現在の日本の軍事力ではアメリカに勝ち目がないことも知っていたからこそ、余計にどう対処するか悩んだのだ。そこでせめてもの時間稼ぎとして、ペリーを久里浜に上陸させてアメリカ大統領からの親書だけは受け取り、要求への回答は1年後にする、という約束をした。ペリーは一旦、日本を去ることにして琉球に向かう。余談だが、ここでペリーは恫喝を駆使して琉球王国を開国させている。

さて、一時しのぎに成功した幕府。当時の老中首座は阿部正弘だ。彼は、もはや従来の幕閣機能だけでは問題解決の糸口が見つけられない、まさしく「日本」としての大問題だと考えて、大統領親書を諸大名に示して、意見を求めた。これまでの幕府では考えられない行動だ。その時までは、老中を頂点とする幕閣のみで、国の舵取りをしてきた。そこへ「みなさんの意見を広く募集します」としたのだから、よほどの勇気が必要だ。阿部は大名ばかりか将軍に謁見できる資格を持つ「御目見得以上《おめみえいじょう》」の旗本にも、同様に意見を求めている。

ところが後年、このことが国中を混乱に陥れる原因にもなってしまった。国政への発言権を強めていった藩は「雄藩《ゆうはん》」として、ますます政治的な立場を大きくし、そのことが「倒幕《とうばく》」にまでつながるからだ。しかし当時、そんなことは言っていられないし考えもしない。よりよい知恵を求めて、より多くの意見を募ることは当然の成り行きだった。

さて、ペリー再来航までの猶予は1年。幕府はさまざまな国内改革に乗り出す。まずは外国に対して無条件で屈することがないように、国防の充実を図らなければならない。江戸湾には大砲を設置する台場をいくつも築き、大砲や砲弾を作るための鉄を生産する反射炉を、海から見えない伊豆半島の付け根にある韮山《にらやま》に建設した。

さらに薩摩藩主・島津斉彬《なりあきら》は、艦船の建造と兵書や兵器の輸入に許可をもらえるよう幕府に依頼した。それに対して幕府は、謀反を封じる意図から各藩に禁じていた、大型船の建造を認めるようになった。一方で幕府は、最新の軍艦や兵器、兵書の輸入をしようとオランダに依頼もしている。同時に年末になると、水戸藩に対して石川島造船所の建設と運営を委託している。

このように大騒ぎしている最中、ペリーの1か月後にはロシアのプチャーチンが長崎に来航。幕府に開港を迫ったが、幕府が「もしロシア以外の国に対して開港したら、真っ先にロシアにも同じ約束をする」と条件を示したため、プチャーチンは退去した。

明けて1854（嘉永7＝安政元）年。「1年後」と約束したはずのペリーが、退去から半年で早くも日本にやってきた。将軍の代替わりで混乱しているだろうから、そのスキを付けば有利な条件で開国を迫れるかもしれない、という魂胆があってのことだった。

今回のペリーは江戸から少し離れた浦賀などではなく、江戸城の目と鼻の先といってもいい江戸湾内に侵入。小柴沖に投錨して、半月後には増援の軍艦1隻も新たに顔を見せる。いよいよ幕府とペリーの交渉。ついに日本は「開国」することになるのだ。

215年間続いた鎖国、終わりをむかえる

日本国内の混乱を見透かして、約束の期日を大幅に早めて再び姿を見せたペリー艦隊。派遣された軍艦は4隻から7隻に増え、最初から前回以上に高圧的な態度で、もはや開国にノーという返事をするのが難しい状況に追い込まれていった幕府。

交渉がはじまる前に幕府は、3つの要求のうち2つ、漂流民の保護と薪水食料の給与は応じることにして、ペリー側に承認するという返答を伝えることにした。残るひとつ、貿易の拡大を目的とする通商条約の締結だけ、幕府は「ノー」と返事することに決める。

交渉委員も選任して、神奈川でペリーたちを応接。そして先の返答を伝えた。

再来航から2か月半。日米和親条約（神奈川条約）が結ばれる。いよいよ日本が「開国」することになったのだ。この条約ではほかに、箱館（現・函館）と下田というふたつの港を開港することも決められた。日本としては、ひとまず最低限の要求を飲んだ上で、それ以上の要求をはねつけるという外交戦略、一方のアメリカは、ふたつの開港地を得たことを踏み台にして、通商条約締結までことを運ぼうという戦略。これらが、このときの両国

が描いた未来図だった。

日米和親条約が結ばれたので、幕府は下田に奉行所を改めて設置。ペリー艦隊は下田に移動した。一方、12代将軍家慶の死を契機に、新たに設けられた海防参与《かいぼうさんよ》という役職を仰せつかって、日本の外交に深く関わってきた水戸藩主の徳川斉昭は、その職を辞任してしまう。彼は外国との交渉や開国に反対する「攘夷《じょうい》」論者だったからだ。

そうして幕府が開国に大きく傾いていたとき、箱館を回って5月にペリーが下田へ舞い戻る。ここで先に結んだ条約の付録として、13か条が調印（下田条約）された。

幕府としてはさまざまな準備を急いでいる矢先の出来事で、決して本意ではなかったが、これによって本格的に国際社会へ日本が漕ぎ出すことになる。

7月にはイギリス東インド艦隊司令長官スターリングが、4隻の軍艦を伴って長崎に到着。ロシアと交戦状態に入ったという報告とともに、開国を求めてくる。1か月後には日英和親条約が結ばれ、前後してロシアのプチャーチンも来航する。

本来、アメリカと和親条約を結ぶような状況になったら、それより先にロシアと和親条約を結ぶという約束になっていたから、本当なら彼は烈火のごとく怒り、戦争を仕掛けてきてもおかしくはなかった。ところが当時のロシアは、日本に対して根気強く交渉し、お互いが納得した形での国交樹立を望んでいたため、プチャーチンは軍事力に頼るようなことをしなかった。幕府にいわれるまま、長崎から下田へ移動したのだが、気の毒なことに伊豆地方を襲った大地震による津波で、彼が乗るディアナ号は大破してしまう。そのような困難を乗り越えてプチャーチンは日本と交渉。そして11月には日露和親条約も締結されたのだった。

当時の日本国内は、各地で新時代にどう対応していくのかという試行錯誤が繰り広げられていた。「開国」か「攘夷」か、というのが大きな論点だったが、幕府など開国をよしとする側は、今度は西洋の技術や知識を積極的に吸収することを重視する。

1855（安政2）年に幕府は、洋学所や講武所などの公立教育研究機関を次々と設立していく。蝦夷地《えぞち》（現・北海道）全土を幕府の直轄地にして、旗本などに移住と開拓を奨励。外国との不測の事態に備え、全国にたくさんある梵鐘などを鋳潰《いつぶ》して大砲などを数多く造ることも決めた。海外からやって来る軍艦に対応できるように、長崎に海軍伝習所《かいぐんでんしゅうじょ》も設立した。こうして次々と、国際社会で通用する国づくりを進めていくのだ。

この年に老中首座《ろうじゅうしゅざ》となった堀田正睦《ほったまさよし》は、翌1856（安政3）年にアメリカのハリスが下田に総領事として赴任すると、通商条約の締結問題に悩まされることに。さらに翌年の1857（安政4）年には、交渉がまったく進まずイライラしていたハリスが江戸に入って将軍・家定に謁見。通商条約締結を要求し、逃げ場を失った幕府は、長崎の開港や箱館・

下田でのアメリカ人居住権などを認める条約に合意。すると1858（安政5）年には、「条約勅許問題《じょうやくちょっきょもんだい》」が浮上してしまう。

これは堀田がハリスをいなすため、「幕府の独断ではなく朝廷（天皇）の許可も必要」と切り出したことがはじまりだ。堀田は幕府が要請すれば「勅許（天皇の許し）」は簡単に引き出せると考えていた。ところが「攘夷」思想の公卿88人が参内して勅許に猛反対。勅許がもらえず、かといってハリスとの約束の期限も迫っていたため、同じころ大老に就任していた井伊直弼《いいなおすけ》は、これまでと同じ要領で幕府単独の決定で条約を締結してしまった。これが問題視されたのだ。そうこうするうちに家定が世を去り、14代将軍は井伊が与する南紀派が後継問題に勝利して家茂が就任。水戸藩に「違勅《いちょく》」を詰問する「密勅《みっちょく》」が朝廷から渡され、これが発覚することで1858年に「安政《あんせい》の大獄《たいごく》」が起きる。

井伊は、自分の政策に反発する勢力を片っ端から拘束、処罰していく。水戸藩主・斉昭はもちろんのこと、松下村塾《しょうかそんじゅく》を営んでいた吉田松陰《よしだしょういん》などの思想家や越前藩主・松平春嶽《しゅんがく》が高く信頼する藩士・橋本左内《さない》ほか、武士から公家までその対象は幅広かった。

これに反発した水戸藩士らが、1860（安政7）年に井伊大老を暗殺する「桜田門外の変」が起きる。これをキッカケに幕府の信頼性や権力基盤は大きく揺らぎ、日本は維新動乱期へと向かうのだ。

戊辰《ぼしん》戦争……文明開化への序曲

14代将軍を誰にするかで「南紀派」「一橋派」にわかれて争われた「将軍継嗣問題」。これ以外にも、日本のいたるところで思想信条などを軸に二分されていったのが幕末動乱という舞台だった。よくいわれるのは「尊皇攘夷派」と「倒幕開国派」のふたつの勢力にわかれた、ということだが、そう単純な話ではなかった。例えば「尊皇」でありながら「倒幕」には反対、という人もいれば、「攘夷かつ倒幕」という人もいた。また、朝廷と幕府が協力し合って国を運営するべきだとする「公武合体運動」も持ち上がった。さらに、そうした意見を、状況の変化や知識レベルの向上などで変えていく人間も数多くいた。

最後は「倒幕開国」側に回った有名な坂本龍馬も、最初は「攘夷」一辺倒だったし、維新後の新政府で重要な働きをする大久保利通や西郷隆盛らの故郷・薩摩藩も、1863（文久《ぶんきゅう》3）年、「攘夷」を実行するために「薩英戦争」を起こし、列強の実力をまざまざと見せつけられると「開国」へ考えを切り替えた。翌年には同じく「攘夷」を藩の方針としていた長州藩が「下関戦争」で英米蘭仏《えいべいらんふつ》連合軍に敗れると、高杉晋作の「奇兵隊」を中心とした勢力が藩の実権を握り、「倒幕」へとシフトしていく。

昔ながらの刀で戦う武士集団というイメージが強い「新選組」も、時を経ると親しくする蘭学医の勧めで、西洋式の生活習慣や西洋式の銃なども取り入れていた。

こうして複雑に入り乱れた思惑が飛び交うのだから、重大な出来事が続発したのも当然だった。桜田門外の変から明治改元までの主な出来事を記すと次のようなものがあった。

・1860（安政7＝万延元）年
日米通商条約批准のため、咸臨丸《かんりんまる》を同行した遣米使節団が出発。尾張藩主・徳川慶《よし》勝《かつ》、一橋慶喜、松平春嶽などの謹慎解除。

・1861（万延2＝文久元）年
ロシア海軍が対馬に無断上陸、基地建設を強行してイギリスも介入した「対馬事件」。福沢諭吉などが随伴した開市開港延期交渉のための遣欧使節団が出発。

・1862（文久2）年
「公武合体」実現のため、孝明天皇の妹君・和宮《かずのみや》が将軍家茂に降嫁《こうか》。水戸浪士らが老中の安藤信正を襲った「坂下門外の変」。土佐藩参政の吉田東洋が、政治方針に反発する土佐勤皇党に暗殺される。薩摩藩主の父で「国父《こくふ》」と称された島津久光《ひさみつ》が公武周旋を名目に兵を率いて入京、「寺田屋事件」が起きる。攘夷派志士が開国派を暗殺する「天誅《てんちゅう》」騒動が京都を中心にはじまる。幕府への意見提出を終えた島津久光の行列がイギリス人を無礼討ちする「生麦事件」。

・1863（文久3）年

イギリスによる生麦事件の報復から「薩英戦争」が起きる。薩摩藩と会津藩が中心となった宮廷クーデター「8・18政変」で、長州藩と親しい三条実美《さんじょうさねとみ》はじめ7人の公卿が長州藩に逃げ延びる「七卿落《しちきょうお》ち」。勝海舟が「海軍操練所」を設立。

・1864（文久4＝元治《げんじ》元）年

薩摩主導の政治に反発する幕府の意向で「参与会議」分裂。新選組が尊攘派志士を襲った「池田屋事件」。京都での政治的な地位回復を目指す長州藩が薩摩会津連合軍に敗れた「禁門《きんもん》の変」から「第一次長州征伐」へ。長州藩は「攘夷実行《じょういじっこう》」を果たすために「下関戦争」。

・1865（元治2＝慶応元）年

長州藩で内戦が起こり高杉晋作などの「倒幕派」が勝利。土佐藩では土佐勤王党の大弾圧が起こり首領の武市瑞山《たけちずいさん》が処刑。薩長の秘密協定が成立。

・1866（慶応2）年

「薩長同盟」が成立。「第二次長州征伐」に薩摩藩は幕府の出兵要請を拒否、家茂が急死して征長軍は解体（事実上の幕府軍敗北）。慶喜が15代将軍に就任、孝明天皇が急死。

・１８６６（慶応３）年

薩摩藩と土佐藩が倒幕の盟約を結ぶ。坂本龍馬が後藤象二郎とともに今後の政治のありかたを示す「船中八策《せんちゅうはっさく》」。慶喜が朝廷に政権を返す「大政奉還」。薩摩藩に「討幕の密勅」。坂本龍馬が暗殺された「近江屋事件」。薩摩藩などが警護する宮中で「王政復古の大号令」。

こうして迎えた１８６７（慶応４）年。倒幕派の勢いに押されていた佐幕勢力が巻き返しを図る。「鳥羽伏見の戦い」で幕を開けた「官軍」と「幕軍」の戦いは、「慶喜追討令《よしのぶついとうれい》」が発せられた「江戸城無血開城」が実現した後も続く。江戸を脱出した幕府海軍は箱館まで落ち延び、翌年に「箱館戦争」が起こる。そして彰義隊《しょうぎたい》による「上野戦争」や、「奥羽《おうう》越列藩同盟《えつれっぱんどうめい》」が抵抗した北陸や東北各地での戦い、それに「会津戦争」と全国を巻き込んだ。薩長を中心とした勢力はすでに新政府を樹立し、8月には「明治」と改元される。

こうして1年に及ぶ内戦「戊辰《ぼしん》戦争」を経て、幕府は完全に政治生命を絶たれ、新政府が新たに近代国家日本の舵取りを担うことになる。

時代は明治へ……文明開化の音がする

1868（明治元）年に起きた「戊辰戦争」は、翌年5月に箱館で幕府海軍を率いていた榎本武揚《えのもとたけあき》が降伏するまで続いた。全国を巻き込んだ騒乱は収まったものの、新政府が取り組まなければならない問題は山積していた。

どの問題にも共通する思いは「いかに素早く近代化を成し遂げるか」だった。その実現のためには、欧米列強に見下されないだけの近代的な国家制度を作り上げ、経済面でも列強との貿易を妨げないような金融制度を立ち上げ、列強と互角に渡り合えるだけの軍事力を育て、最新の技術を導入して産業を興し……という具合で、さまざまな角度から、いろいろや分野において、しなければならないことが後から後から出てくる。かといってすべてを同時に成し遂げることなど不可能だから、ある程度は優先順位を付けねばならず、急激に変革されていく社会の仕組みに、国民をどう対応させていくのかということも、合わせて考える必要があった。

改元の直前、新政府がまず取り組んだのは政府の形を整えることだった。これをしなければ、ほかの各種事業も円滑に進められないからだ。とはいえ、300年続いた幕藩体制に替わる新しい政府制度を作ろうというのだから、試行錯誤の連続だ。まず新政府樹立に力を尽くした公卿や、倒幕で力を発揮した薩長をはじめとする雄藩、中立の立場で行く末を見守っていた諸藩などを集めた寄り合い所帯でスタート。みながみな、新たな国のあるべき姿について、同じ構想を持っているわけではないから、いつ内紛が起きるかわからないという不安定なものだったが、それでも「広く会議を興し万機公論に決すべし」という条文が有名な「五箇条《ごかじょう》の御誓文《ごせいもん》」によって、近代国家の育成にみんなで協力しましょう、という一応の合意はできた。

次に「政体書《せいたいしょ》」で政府の形が明らかにされたが、幕府の代わりに「太政官《だじょうかん》」に権力が集中するというありかたに、早くも反発する者が現れる。さらに「藩」の代わりに何を置くか、これまで権力者側にいた数多くの「士族」をどうするかなど、先延ばしにした懸案も多かった。そんな中で「江戸」は新たに「東京」と命名される。

そして会津藩の降伏が目前と判断された9月、改元された直後というタイミングで明治天皇が上京。江戸城（千代田城）改め「東京城」に天皇が入り、ここが皇居に。こうして少しずつ、近代化を進めるための下地が整えられていく。

1869（明治2）年になると、「薩長土肥」の4藩は連署で「版籍奉還《はんせきほうかん》」の上表文《じょうひょうぶん》を政府に提出。「版」は「版図《はんと》」で領地、「籍」は戸籍で領民の意味で、土地と人民を藩から政府直轄のものに移行させるという内容だ。これにより、藩が取り立てていた年貢も政府が「税」として徴収できることになる。倒幕に力を発揮した4藩が率先したことで、ほかの藩も次々と版籍を政府に返上。こうしてまた一歩、近代国家としての体裁が整えられる。

続いて官制の大改革を実施して、中央集権的な政府づくりをさらに前進させた。古代の律令制度に似た仕組みで、太政官の中心として大臣・大納言・参議を置き、右大臣・三条《さんじょう》実美《さねとみ》、大納言・岩倉具視《いわくらともみ》、参議・大久保利通というように、有力公卿や薩長土肥出身者を数多く要職に配していく。太政官の下には民部省《みんぶしょう》や大蔵省などが置かれ、それぞれのトップは「卿《けい》」とした。これは現在の大臣に相当する。さらに戊辰戦争で戦費調達に苦しみ、その後も予算不足に悩む新政府は「造幣局《ぞうへいきょく》」を設置して新たな貨幣づくりにも着手。

翌1870（明治3）年には、太政官の下に「集議院」が設置され、諸藩から選出された議員が、太政官から審議を託された議題について評議するようになる。同時に法整備も一段と進められ、ますます近代国家としての体裁が整いつつあった。

この時期、急激に変化する社会に対応できない者も現れた。特に士族の悩みは深刻で、戊辰戦争が終わって出番を失った者はいうに及ばず、藩主の多くがスライド任用されていた知藩事《ちはんじ》のもと、藩の近代化を目指して改革が進められた結果、身分や権利を剥奪された者なども、自分の将来に大きな不安を感じるようになっていた。もともと財政規模が小さかった藩の中には、財政難から「廃藩」を申し出るところもあった。

こうして不安と期待が入り混じる中、1871（明治4）年には「廃藩置県」で完全に江戸時代の政治制度が消滅。旧藩主は「華族」という新たに設けられた身分を保障され、「家禄《かろく》」という収入も与えられた。武士も同様に「士族」という身分と禄が与えられた。こうして各地域を治める「藩」ではなく「国《くに》」が日本全体を束ねることになった。これに先立ち、各地で反乱が起きたときの予防策として、薩長土3藩の兵1万人を集めて「御親《ごしん》兵《ぺい》」を組織。これも各藩が独自に持っていた軍隊を、政府の所有に切り替えるものだった。御親兵は日本陸軍の母体となる。

同時に官制改革を再び実施、欧米視察と条約改正交渉を兼ねた、岩倉を全権大使とする「岩倉使節団」がアメリカに向けて出発する。

大久保利道や木戸《きど》孝允《たかよし》といった実力者が、欧米に旅だった後の「留守政府」を束ねたのが、西郷隆盛だ。彼を中心に、政府はさらに強力に近代化のための手を打っていく。

欧米列強に、追いつけ追い越せ！

当時の政府首脳たちが思い描いていた政策は、ひと言で表せば「富国強兵」だった。産業振興や貿易の拡大などで経済力を高める「富国」と、欧米列強の植民地にされないための十分な軍備「強兵」を推し進める、ということだ。これらは近代化のための日本が抱える重要な課題でもあった。

留守政府は、1872（明治5）年になると、使節団員たちとの取り決めを半ば無視するような形で改革をどんどん進める。「戸籍法」で全国統一の戸籍が作られたために「地租」改正の準備が整い、農地改革や徴兵制度の道標もできた。また、この「壬申《じんしん》戸籍」によって「皇族」「華族」「士族」「平民」の身分呼称が定着。当時の総人口は3311万825人だった。

農地については、土地永代売買禁止が解かれ、農民が土地を所有することを認められた。教育制度ではフランスの制度を見習った「学制」を発布して、全国を8大学区に区切り、それぞれの中に32の中学区、さらに1中学区あたり210の小学区を置くことが決められる。これが今日に続く義務教育制度の母体となった。

さらに「全国徴兵の詔《みことのり》」で徴兵制度も発足。その直後、12月に改暦されて日本は欧米と同じ「太陽暦」を採用することになった。

明けて1873（明治6）年になると、これまでの五節句が廃止される代わりに祝日が整備される。対外的には「日清修好条規」の批准もあった。

この間、欧米使節団はというと……。大久保利道と伊藤博文は、不手際から条約交渉のための全権委任状を取りに一時帰国するなどの混乱があり、そのおかげで日程が大幅に狂ってしまい、ほとんど政治的な成果を挙げられないまま、アメリカから欧米諸国を訪問していた。

国民はというと、「文明開化」を肌身で実感できる機会が日増しに多くなっていた。

これまで食べることが禁じられていた牛肉が「文明開化の味」として、新しいもの好きな人を中心に流行。すき焼きや牛鍋などを出す店に人が群がった。東京と横浜の間には電信線が架設されて「テレガラフ」と呼ばれた電報システムがスタートし、郵便制度がはじめられた。

洋服の仕立て屋が繁盛しただけではなく、「断髪令」もしだいに浸透しつつあり、ちょんまげを落とし「ザンギリ頭」と呼ばれる新しいヘアスタイルが街中にあふれる。

新橋と横浜の間に鉄道が開通し、東京から見て横浜は日帰り可能な土地となった。幕府によって禁じられていたキリスト教も認められた。

趣味としてウサギの飼育が流行し、あっという間に品不足となったウサギは高値を記録。まさしく「バブル」のような状態を生んでいる。

このように「近代化」の波が日本国中に浸透してきたころ、欧米使節団が帰国。すると政府内に内紛が起きてしまった。いまだ清の属国として「鎖国」を続ける朝鮮に対する態度の違いが主要な争点だとされているが、とにかくこのときの「征韓論争」をめぐる「明治6年の政変」によって、西郷はじめ副島種臣《そえじまたねおみ》、江藤新平《えとうしんぺい》、板垣退助《いたがきたいすけ》、後藤象二郎《ごとうしょうじろう》という5人の参議が辞職して下野してしまう。以後は大久保利道が政府の中心人物となり、近代化のための改革を進めていくようになる。

「地租改正条例」によって、収穫高に応じた年貢ではなく、決められた土地の価格によって納めるべき税額が決まるようにされると、「秩禄処分《ちつろくしょぶん》」によって旧藩主や士族たちの収入源を廃止した。代わりに一時金のような形で「賞典禄《しょうてんろく》」などが配られたが、いよいよ生活の糧を失った士族たちの不満は膨らむ一方だった。翌年に琉球島民殺害の罪を問うために挙行された「台湾出兵」は、そういった士族の不満を解消させる意味もあった。

1875（明治8）年には「千島樺太交換条約」の調印や「江華島《こうかとう》事件」といった外交

課題が続く一方で、「立憲政体の詔書《しょうしょ》」を発布したり「讒謗律《ざんぼうりつ》」や「出版条例」の制定で国内の言論取り締まりを強化した年でもあった。

一方で下野した人物も、それぞれの新たな人生をスタートさせる。

1874（明治7）年に入ると、板垣らは早々に「民撰議院設立建白書《みんせんぎいんせつりつけんぱくしょ》」を政府に提出して民権運動をはじめたが、「佐賀の乱」で首領の地位に祭り上げられていた江藤は、鎮圧された後に処刑されてしまう。

1876（明治9）年になると、刀剣の着用を禁じる「廃刀令」をキッカケとして、各地で「敬神党《けいしんとう》（神風連《じんぷうれん》）の乱」や「秋月の乱」、「萩の乱」などの士族反乱が続発。地租改正反対の一揆まで各地で巻き起こり、全国が不穏なムードに包まれるように。

こうして1877（明治10）年、西郷をトップに戴《いただ》いた薩摩藩士たちの集団決起による最大の士族反乱「西南の役《えき》」が勃発するのだった。

戦争のさなかに病気を得た木戸が死に、敗色濃厚となった西郷は自決。さらに翌1878（明治11）年には大久保が暗殺され、「維新三傑」と並び称された維新の大立者が次々とあの世へ旅立つ。それでもまだ、日本の近代化は達成されていたわけではなかった。

そこに「富岡製糸場」あらわる！

「西南の役」から少し時間をさかのぼる。

「富国」のためのさまざまな施策が次々と考え出され、それを実現すべく政府首脳は日々努力していた。

明治新政府は、諸外国から「お雇い外国人」を数多く招聘《しょうへい》して、それぞれが得意とする分野についての指導を依頼していた。例えば鉄道なら、その先進国であるイギリスから教師役としての設計士や技師などを招き、軍事面については幕府時代から引き続きフランス人の指導を仰ぐ、といったように。

そういった近代化を効率よく進めるために、担当する部署も新たに設けられた。教育を司るのは「文部省」、民間の殖産興業を促進させるために「民部省」、工業全般を取り扱う「工部省」、といった具合だ。

その中で民部省は1870（明治3）年8月、「蚕糸場取締規則《さんしじょうとりしまりきそく》」と「蚕種製造規則《さんしゅ》」それに「蚕種製造税則」を定めた。絹糸を作るための工場設立や運営に関する法律や、絹糸を生み出す繭《まゆ》を作る蚕《かいこ》の卵を作るためのルールなどを定めたのだ。

そして2か月後。民部省はフランス人のブリュナを雇用する。彼に「富岡製糸場」の開設を担当させるためだ。これに先駆けて、富岡に近い前橋藩は、スイス人技師ミュラーを雇用してイタリア式の器械製糸をはじめていた。こちらは後に「寛延《かんえん》前橋製糸所」へと発展していく。

富岡製糸場構想は、年を経て全国各地に拡大されていく「官営工場」開設の出発点にもなっているが、政府はかなり早い段階で、「富国」のための「殖産興業」、その軸となる官営工場の構想を具体的にスタートさせていたことになる。

ではなぜ、「製糸」が官営工場の出発点として選ばれたのだろうか？

時間の経過とともに盛んになっていく海外との貿易。日本は外国製の最新機器などを中心に輸入していたが、同時に輸出も力を入れなければ「輸入超過」となって、日本という国の金庫からお金が消えていくばかりとなる。そこで主力の輸出品も必要になるのだが、当時の日本が世界に通用する品質で作り出すことができ、しかも需要が高いものは「生糸」と「茶」だった。

江戸時代にはすでに、いくつかの藩が貴重な収入源として生糸製造に力を注いでいて、特に東北地方から関東地方に分布する養蚕《ようさん》農家は、高品質な繭から取れる上質な生糸を、高値で売れる主力商品として生産してきていた。その販売先として代表的な場所が「西陣織」で知られる京都西陣で、幕府の鎖国政策に合わせ中国（明・清）からの生糸輸入が減少するのに伴って、国産の生糸の需要が高まり、なおかつ高品質化が進められていたのだ。そして5代将軍・綱吉の時代には、国内養蚕業の一大改革が起きていた。

幕末から明治維新にいたる時期、フランスやイタリアなどの生糸を生産する主要国では、蚕の病気が広く蔓延して生産量が激減していた。そこへ開国間もない日本から上質の生糸がもたらされるようになり、品質が高ければ高いほど効率よく稼げるという理由もあって、特に群馬県島村《しまむら》を中心に養蚕業がますます活況を呈するようになった。そして幕府は１８６４（元治元）年、ついに蚕種の輸出も解禁する。

すると蚕種も貴重な輸出産業として急速に成長、ついには生糸に次ぐ主力輸出品にまで躍り出てしまった。こうなると蚕種業も活況を呈し、さらなる生産技術の改良などに力が注がれていくようになる。

こうして輸出向け商品の中では、関連企業ともどもトップの産業になっていた製糸業が当面、力を入れるべき産業として選ばれたのは、ある意味で当然の結果だった。

政府がどれだけ製糸業に期待していたか。それは開業間もない鉄道事業の進展を見てもよくわかる。

現代では、東海道新幹線が走る「東海道」こそが物流の大動脈のように思われている。ここには「東名高速」も走っているから、なおさらそのように感じる。

ところが、新橋～横浜間に鉄道を開業させた政府は、次なる重要な路線として、横浜と高崎を結ぶ路線を、早い時期から着工しているのだ。

なぜかというと、国内初の官営工場として製糸場を設立する富岡なども含めて、製糸業が盛んだった上州地方と、貿易港として目覚ましい発展を続けていた横浜を直接、鉄道で結べば、より早くより大量に主力輸出品である生糸を運べるからだ。

民部省に雇われたブリュナたちはさっそく、工場設立に適した土地を調査した。そして彼らの報告書を受け取った政府はただちに、官営製糸場の設立を決定する。

こうして群馬県富岡に、初の官営工場である「富岡製糸場」が設立されることになったのだ。

第1章

「富岡製糸場と絹産業遺産群」が語る、技術立国ニッポンのすごさ

なぜ「富岡製糸場」が必要だったの？

「富岡製糸場」は1872（明治5）年に、明治政府が日本の近代化を推進するために建設した「模範器械製糸場」だ。

なぜ建築の必要性があったのか。いわゆる「鎖国」を解いて開国した日本は、すぐさま諸外国との貿易を開始した。貿易をするには、買いたいものがあればお金が必要だが、この資金を稼ぐためにも売れるものが同時に必要となる。その当時、日本にとって諸外国から買い手がつく商品の代表は生糸と茶だった。

なぜ日本の生糸が売れたのか。それは当時、ヨーロッパの主要養蚕国だったフランスやイタリアで「微粒子病《びりゅうしびょう》」という蚕の病気が蔓延していて、製糸業に甚大な被害を及ぼしていたことも影響している。

蚕がいなければ繭も採れないわけで、繭がなければ生糸が作れない。ということでヨーロッパ中で生糸が不足する深刻な状態にあったのだ。そこへ開国した日本が登場する。日本は幸いにして養蚕が盛んな国だったから、ヨーロッパの人々は日本の生糸に注目する。

おかげで開国から時間が経つにつれて、日本産生糸の需要も高まっていったのだ。一時は輸出額の8割を占めたほど、日本にとって貴重な外貨獲得の主力だった。

しかし、いいことは長くは続かない。需要があるからと、品質が高いものも低いものも、何でも生糸であれば貿易に回すという事態に陥ってしまった。すると「日本産は品質に難がある」という評判が立ってしまう。いくら需要があっても、粗悪品であれば買い手はしだいに減る一方になる。

外貨を稼ぐのにもっとも有効な主力輸出品である生糸が不振に陥れば、近代化を急ぐ明治政府にとっても手痛い。そこで政府は、生糸の品質改善と生産性の向上、それらを長く続けるための技術指導者の育成が必要だとの結論にいたる。

それらすべてを満たすものとして、官営の模範工場が必要とされたのだ。ここは生産拠点というだけではなく、実地で学習できる場にもなっており、次代の指導者を育成する目的にも使われることになった。

こうして洋式の繰糸器械《くりいときかい》を導入した模範工場設立の機運が、盛り上がっていったのだ。

なぜ富岡に建てられたの?

日本が近代化への道を歩みはじめたばかりの1870(明治3)年、横浜にあるフランス商館に勤務していたポール・ブリュナたちが、日本政府からの依頼を受けて製糸場建設候補地を実地調査した。フランス人に委託したのは、この国がヨーロッパ随一の養蚕大国だったからだろう。

このときに候補地とされていたのは武蔵・上野《こうづけ》・信濃。これらの地域について、生糸の生産には大量の水が必要なことから水利を調査したり、機械を動かす燃料となる石炭の確保がどれくらい簡単かを調べたりしていった。

もっとも重要なポイントはもちろん、養蚕業が盛んなこと。繭が大量に確保できなければ、そもそも工場を建てる意味もなくなるからだ。

もう一つ、重要なポイントがあった。それは「外国人」がくることだ。官営の模範工場だから、当面は外国人技師などの技術指導を仰ぐことになる。現在と違って新幹線などないから、教導役にあたる外国人は工場近くに移り住まねばならない。

当時はまだ開国して間もない時期。外国人が自由気ままに日本国内を移動できる状態でもなかったから、外国人を見たことがない日本人が圧倒的に多かったのだ。だから、自分たちと少し容貌が異なる外国人を見ても、「鬼」だ「化け物」だと騒がない環境を作っておく必要があった。姿形ばかりか言葉もまったく違うのだから、住民の同意なしには、工場建設などできないのだ。だから地元の同意を得ることは、繭の確保と同じくらい重要なことだった。

これらの調査ポイントを総合的に判断した結果、ブリュナたちが選んだ土地こそ「上州富岡」だった。富岡は、ブリュナたちが考える建設予定地にふさわしい要素を、すべて兼ね備えていたのだ。

つまり、付近一帯が養蚕業の盛んな地域で、繭の確保が簡単。広大で平らな土地が用意できる。特別な技術の導入や土木工事を必要とせずに、大量の水を使うことができる。高崎や吉井《よしい》といった工場に近い場所で石炭が採掘できる。外国人が教導する工場の建設に住民が同意してくれた。特に住民の同意は、名主をはじめ335名が同意の署名をしているほどで、まさしく町ぐるみでの誘致に近いものがあった。

ここ以外に考えられないというくらい、理想的な土地だったのだ。

造ったのは日本人なのか？

富岡を工場建設地に定めたブリュナは、そのまま明治政府に雇われる。「お雇い外国人」として彼は、「富岡製糸場」の技術指導者になった。

建築物の設計は、「横須賀製鉄所」の建設にも携わったオーギュスト・バスティアン。彼もまたフランス人で、レンガと木材を組み合わせるという和と洋のいいとこ取りをした工場の作りを考え出した。これが「木骨《もっこつ》レンガ造《づくり》」で、現在の視点からすると、独特の雰囲気を醸し出す効果も得られているのではないだろうか。バスティアンがすごいのは、広大に敷地に並ぶ建築物群の設計を、わずか50日で終わらせていること。これは横須賀製鉄所の設計思想などを上手に取り入れたためだと推測される。

工場のトップと設計者がフランス人。となると、実際に建築したのもフランス人？

そう思ってしまうが、彼らの指導を受けた日本人が多数、建築に携わっている。「木骨レンガ造」に代表されるように、日本で調達可能なものを上手に取り入れて、できるだけ早く完成させようという意図もあったため、さまざまな地域の専門職人の力を借りたのだ。

例えば、木材については妙義山《みょうぎさん》の官有林などから切り出し、日本人の大工がこれを加工するなどしている。同じく石材は、現在の甘楽町《かんらちょう》にある連石山《れんせきざん》から石工が切り出し、瓦は現在の深谷市にいた瓦職人を呼び寄せて作らせた。また、瓦作りのノウハウを活かしてレンガの焼成も瓦職人たちが担当している。そして専用の窯を現在の甘楽町に新規で建てた。それ以外にも石灰が必要になれば現在の下仁田町《しもにたちょう》で焼成していた。これはモルタルの代用品として日本伝統の漆喰《しっくい》を使うことになったからだ。

日本人の手に負えない部材については海外から輸入。ガラス板やペンキ、セメントなどが代表的な輸入資材だ。

特に重要だったのはガラス板。採光性をよくするために大きなガラス窓がいくつも必要だったからだ。またペンキは塗料としてばかりではなく防腐剤としての効果も期待できる貴重な資材だった。セメントは高価だったので、使用する場所を必要最小限に抑えている。特に使用しなければならなかったのは、レンガ水槽や下水設備などの、水漏れしては困る場所だった。ほかにも日本で作れなかったのが、開閉するトビラに欠かせない蝶番《ちょうつがい》で、これもまたフランスから輸入している。

どのようにして建てられたのか？

主要な建物は、木材で骨組みを作り、壁としてレンガを積み入れる「木骨レンガ造」という工法が採用されている。レンガの積みかたは「フランス積《づみ》」と呼ばれる方法で、直方体のレンガの長辺（長手《ながて》）と短辺（小口《こぐち》）が交互に隣り合わせになるような積みかた。積み上げたレンガの上下の関係を見ても、レンガの角同士がくっつかない積みかたで、たくさんの横線を引いたあみだくじのような見栄えになる。

屋根には日本伝統の瓦が使われているが、その重みを上手に分散して建物全体の強度を上げているのが、屋根裏に用いられている「トラス構造」という形式による「トラス組《ぐみ》」。部材同士が三角形を作るような結合をさせるもので、東京タワーなどにもこの工法が用いられている。

この工法のメリットは、建物内部の空間を大きく取れること。何本も柱を建てる必要がないので工場建築にはうってつけの工法で、開放的な雰囲気も醸し出してくれる。

おもしろいのは繭倉庫内部の構造。屋根裏だけ見れば「トラス組」なのは一目瞭然なのだが、ちょうど開いた傘のように、1階の基礎部分から2階に突き抜ける形で柱が通されているのだ。この「変形傘型トラス」は、建築に携わった大工たちの、より長持ちする建物をという熱意と創意工夫の表れだともいわれる。

さらに2本の梁で柱などを挟み込み、その接合部分をボルトで固定する「挟《はさ》み梁《はり》」という技法も取り入れ、ますます強度を高めている。

このように、日本の伝統技術と西洋の最新技術を融合させているのが「富岡製糸場」の建物群の特徴だ。

1871（明治4）年1月に資材調達などの準備がはじまり、翌年の7月には主要な建物が完成。その3か月後には操業を開始しているから、当時としても類がない突貫工事だったことがうかがえる。

それでも現在まで当時のままの姿を伝えているのだから、一切の手抜きも妥協もない、とてつもなく高い集中力と技術力がギッシリ詰まった、「遺産」だといえるのではないだろうか。

どんな規模の工場だったのか？

富岡製糸場は、明治政府が発足当初から目標に掲げていた「殖産興業」を推進する旗振り役を期待された「官営模範工場」である。そのため当時の水準からすると、とてつもなく大規模な工場として計画・建設されている。

当時はまだ、日本国内に本格的な近代工場と呼べる施設はなく、工業といえば機械工業ではなく手工業が主流だった時代。それも家庭内手工業という、産業形態としては近代化の手前の状態で、イギリスがすでに達成していた「産業革命」もまだ、その糸口すらつかめていない状況だった。そこに国の行く末を左右する壮大なプランとして「富岡製糸場」が持ち上がり、いわば「日本版産業革命」の担い手としての側面も期待されていた。

敷地面積は5・2ヘクタール。その広大な敷地の中に、工場本体だけではなく周辺施設も含めてさまざまな建物が並べられた。

工場の本丸ともいえる「繰糸場《そうしじょう》」は長さが約140・4メートル、幅が12・3メートルで高さも12・1メートルあった。当時の世界を見渡しても、このように巨大な工場はほとんどなく、世界最大規模の威容を誇っていた。いかに国が期待を寄せていたのかがわかるだろう。この建物をそのまま使って、内部に設置する機械類を置き換えるだけで昭和の晩期まで操業できたのだから、現代の眼からしても巨大だったといえる。

この「繰糸場」内部には、300人が同時に作業できるよう、300人取りのフランス製「繰糸器《そうしき》」が設置され、156窓の揚《あげ》返し機もそのそばに設置。全国から集まってきた工女たちが操作した。日本での本格的な機械繰糸が、こうしてスタートしたのだ。この工女たちもまた、敷地内に建てられた寮で寝起きした。徒歩1~2分程度で出勤できるという恵まれた通勤環境にあったのだ。

巨大だったのは繰糸場だけではない。大切な繭を保管する「東繭《ひがしまゆ》倉庫」「西繭《にしまゆ》倉庫」ともども、収容できる繭の量は2500石。1棟で32トンという膨大な繭を保管可能だった。大量の水を必要とするため貯水槽も設置されたが、この容量はなんと400トン（40万リットル）にも及んだ。

まさに、すべてがケタ違い。それが模範工場としての「富岡製糸場」だったのだ。

工女たちの生活ぶりは？

全国から次代の指導者を育成する目的で工女を集める、という方針だったため、工場敷地内には最初から「寄宿舎」が建設されていた。そして製糸場で雇われた工女は、寄宿舎での生活が義務づけられた。

彼女たちには「工場寄宿所規則《こうじょうきしゅくじょきそく》」や「休暇工女遊歩心得《きゅうかこうじょゆうほこころえ》」という、生活態度にかんするルールを守ることを求められた。全国から集まった工女たちは10代から20代前半が多く、遊びたい盛りでもあったはずだ。しかし「模範工場」の働き手として「模範的な」生活態度が求められたのだ。彼女たちは、一定の技術を習得すれば郷里で指導者になる立場でもあったから、「淑女《しゅくじょ》」であることも同時に教えられたのだろう。

少しだけ先に挙げたふたつの規則の中身を見てみよう。

「規則」では、規律ある集団生活を送ることが定められている。宿直の官員が毎晩、消灯時間を過ぎてもうるさくしていないか巡視したり、休日以外に外出することの禁止などの条項が設けられている。20～30人程度のグループ生活で、グループには部屋長が置かれた。

いわば毎日、学校のクラス生活がルーム長を中心に営まれているようなものだ。「心得」では、外出が許された休日の過ごしかたが決められているが、そこに書かれているルールも厳しい。工女ひとりでの行動が許されないばかりか、工女だけで外出することすら認められていなかったのだ。外出は基本的に4人のグループ単位で許可が出て、警視方がひとり付き添うというものだった。

別の規則では工場の衛門《えいもん》が朝6時に開いて夜6時に閉まると書かれていて、これは工女の門限を意味することにもなる。

ただし化粧は「身だしなみ」として認められていたようで、風呂あがりにおしろいを塗ることは、彼女たちのささやかな楽しみのひとつ。工女の和田英《わだえい》が著した『富岡日記』にも、「つけぬ人は却ってたしなみが悪いと申されます位でありました」とある。また、病気や怪我を治療するための医者以外に、工場内に出入りしていたのが呉服商人や小間物商人で、彼らからファッショングッズを購入することも、工女たちに許された楽しみのひとつだった。

ほかにも仲間でワイワイお菓子をつまむのも楽しみだったようで、郷里に果物などをねだる手紙を書き送る工女もいた。

工女たちの生活サイクルは？

工女たちは週6日勤務。つまり週に1日、日曜日は定休日として設けられていた。それが年に50日で、ほかに祝日で6日、年末年始休暇が12月29日から1月7日までの10日間、それに10日の夏休みもあって年合計76日の休日があった。現在に近い休暇制度が、富岡では明治初期からすでに実現していたのだ。

就業時間は、工場内に注ぎ込む太陽光を頼りにしているため、季節によってバラつきがあった。1875（明治8）年の「職工工業時間規則」によると、1月上旬（小寒《しょうかん》）から2月上旬（立春）までは就業時間が7時間45分。朝7時就業で朝昼1時間ずつの食事時間と午後3時の15分休憩を挟んで午後5時が終業だった。季節によって昼休みの時間帯をずらすなどの工夫もされていたのは、さしずめ「明治版サマータイム」のようだ。

工女と聞くと『女工哀史《じょこうあいし》』の過酷な労働環境をすぐさま連想してしまうが、こと官営時代の富岡はまったく様子が違っていた。というより、『女工哀史』で描かれる過酷な生活や労働は、民間企業を舞台にしたものだった。それも、まだ労働条件や労働環境に対する意識が十分に育っていなかった時代のことだ。富岡も、民間に払い下げられてから1日の労働時間は10時間などに延長されていくが、「1日8時間労働」などという言葉がなかったのだから、現在と単純な比較をすることは無理があるだろう。

寄宿所生活だから、食事はすべて官費で賄われていた。就業時間内に朝昼2食が出て、開業間もないころは、夕飯だけは各自の部屋で食べていたが、後に大食堂もできあがる。部屋で食べていたころは、入り口にかけてある札の人数分が各部屋に配膳され、大食堂時代になると、工女たちはマイ箸とマイ茶碗を持って大食堂に向かった。

月に3回は夕飯に赤飯が供されたようで、これが工女たちの楽しみ。ただし、立地が「海なし県」なので鮮魚などが出ることは珍しかったようだ。代わりに、「芋のあること毎日のようでありますから閉口致しました」と『富岡日記』に書かれている。同著には、牛肉が出ることもあった一方で、「朝食に漬物、昼食が右の煮物（筆者注：「赤隠元《あかいんげん》の煮たのだとか、切昆布と揚蒟蒻《あげこんにゃく》と八ツがしらなど」と別の箇所に例示されている）、夕食は多く干物が出ました」とあるから、質素な食生活だったようだ。しかし、疲れきっている肉体に塩辛い食事は合っていたようで、「何でも美味に感じましたのは実に幸福でありました」という記述もある。

工女たちの職制や給料はどうだった？

工女たちの生活などがわかったところで、気になるのは彼女たちの給料。いったい、いくらぐらい受け取っていたのだろうか。

工女たちは全員が同額という一律の給料を受け取ったわけではない。あくまでも次代を担う「伝習《でんしゅう》工女」だから、学習の進み具合などで等級が定められていた。そして等級に応じたノルマも定められていた。ここでは１８７４（明治７）年４月１日に改正されて８階級制になった当時の賃金内容（月給）を見てみよう。

・等外上等……３円
・一等……２円50銭
・二等……２円
・三等……１円75銭
・四等……１円50銭
・五等……１円25銭

・六等……1円
・七等……75銭

これ以外に賄料《まかないりょう》として月に3円15銭が支給され、ほかに夏服2円と冬服3円の服料が年額で追加されていた。同じころに使用人として働く人が月給4円50銭ほど、大工が平均すると月9円以上を稼いでいたから、「四等工女」以上であれば少なくとも使用人暮らしよりは収入があった計算だ。

病気などで休むと給料は差し引かれたが、月給額は日給を5割増する形で算出されていたから、仮にひと月全休しても、所定の半額は受け取れた。形は違うものの現在の有給休暇や特別休暇などと似たセーフティネットが用意されていたのだ。

工女の5パーセントほどが「一等」「等外上等」として働いていたようで、「一等」は繭1升から生糸8匁《もんめ》5分《ぶ》を作り、それを繭5升《しょう》分というのがノルマ。たくさん作るだけではなく原料の効率的な利用も求められていたのだ。同じく「二等」は8匁を4升分。「一等」にもなると、工場内での指導者としての役回りも任されることがあった。「一等」はより多くの繭からより多くの生糸を作る。「一等台」を使えて、より良質な繭を扱えることは、彼女たちの栄誉。割り当てられる釜の数も多く、1人で複数を操った。「一等」になるまで平均8か月ほどだったという。

製糸場とともに発展した周辺施設

日本の製糸業をリードする役目を担った「富岡製糸場」は、それのみで完結する存在だったわけではない。製糸業を支えるさまざまな事業が、互いに密接な関係を持ちながら、技術や知識の向上をサポートし合っていたのだ。その代表的な存在が、「富岡製糸場」とセットになって「絹産業遺産群」として「世界文化遺産」登録された、3つの遺産だ。それぞれ製糸に欠かせない各ステップについて、重要かつ先導的な役割を果たした貴重な存在だ。

「高山社跡《たかやましゃあと》」にあった「高山社」は、蚕を効率よく育てながら、蚕の品質も向上させる技術を担当した場所。養蚕技術の一大教育機関として、後進の育成に尽力したところだ。指導を受けた技術者たちは全国各地に散らばり、その地で習得した知識や技術を広めた。「高山社」の近くでも多くの高い志を持った人物が、自宅を教室代わりにするなどして養蚕技術を教えていた。このように「分校」のようなものを自ら設立した卒業生が多かったのは、それだけ先進的で優れた技術を教えていた証拠だろう。

「田島弥平旧宅《たじまやへいきゅうたく》」は、皇居で養蚕の指導もしていた田島弥平が住んでいた邸宅。ちなみに、今にいたるまで皇后の〝仕事〟として養蚕が受け継がれているのだが、近代的な養蚕技術を皇室に伝えたのが、弥平とその本家筋にあたる武平《ぶへい》。「旧宅」は当時のまま今に残り、世界遺産としての価値が認められた。

弥平は「高山社」とは別に、養蚕先進地域でもあった「島村」で、養蚕技術の改良に尽力した人物だ。自宅は大規模な蚕室として改装されていて、蚕が快適にすごしやすいことを第一に、門の配置や窓の設置などが決められている。一族をはじめ近隣の養蚕農家に技術を伝授し、国内有数の最新技術を用いる養蚕地帯に成長させた。

建物は現存しないが敷地内にあった冷蔵庫は、養蚕が衰退してしばらく後、当時は最先端の医療品だった抗生物質ペニシリンの保管貯蔵に使われた時期もあるそうだ。田島家は渋沢栄一や頼山陽《らいさんよう》など、当時一流の経済人や文化人とも交流が深く、「旧宅」には頼山陽直筆の額も掲げられている。

「荒船風穴《あらふねふうけつ》」は自然を利用した遺産。雪解け水や地形を巧みに用いて、自然の冷蔵庫にしてしまったという、知恵の結晶のような存在だ。しかも設置された施設が大規模で、年に1回しかチャンスがなかった「製糸」という工程を、季節を問わず可能にしたことは、日本の製糸業が飛躍的に発展する上で欠かせないものだった。

官営から民営へ

器械製糸の普及と技術者の育成というのが、「官営模範工場」である「富岡製糸場」の使命。それが果たされたら、次は民間企業として「興業」の役に立つのが新たな使命となる。「官営」を「民営」に切り替えて、民間産業の成長を促す目的で明治政府が取り組んだのが「官営工場の払い下げ」だ。国が儲けることが目的ではないから、払い下げを受ける企業の負担にならないよう、信じられないほど格安で売り渡された。

「富岡製糸場」は1893（明治26）年、「三井家」に払い下げられた。実はその13年前にも払い下げの通達を出したことがあったが、このときは工場の規模が大きすぎて、つまり、いくら格安とはいえ値段が高すぎて「買いたい」と手を上げる人物や企業がいなかった。工場廃止論が出るほど買い手が現れず、4年後に一旦、払い下げ通達を廃止。その後も払い下げは難航し、一時は財団として運営しようという案も出たほどだった。

三井家は現在の三井物産。当時、急成長をしている企業でもあった。三井家は払い下げを受けると「御法川式《みのりかわしき》」と呼ばれる繰糸機50台を増設。直後の日清戦争（1894〜95

年）は日本に好景気をもたらし、三井家はその勢いに乗じて設備の拡大と経営改革に乗り出していく。そして「御法川式」の大量導入による高品質化に成功し、蚕種の統一も成し遂げた。

「官営」時代は採算度外視の経営だったため赤字続きだったが、三井家の経営になると黒字に転換。1899（明治32）年から翌年にかけては、資本金10万円に対して倍の20万円という巨額の利益を稼ぎ出したこともあるほど。しかし、しだいに製糸業が三井家の経営基盤を圧迫するようになり、横浜にあった原合名会社《はらごうめいかいしゃ》に譲渡されることに。それは1902（明治35）年のことだった。

1939（昭和14）年まで続いた「原合名」時代。早々に「蚕業改良部《さんぎょうかいりょうぶ》」を創設して蚕種家、養蚕家、製糸家のつながりを強化しつつ、それぞれの仕事について改善点を研究。ついには、生糸先進国のフランスやイタリアと肩を並べるほどの高級生糸を作り出せるまでになった。関東大震災で一時的に休業するものの復活。しかし昭和大恐慌に見舞われて経営が悪化、複数所有する工場のうち、経営が安定していた富岡のみを独立させて「株式会社富岡製糸所」にしたのが1938（昭和13）年。これが「片倉製糸紡績株式会社」に譲渡され、この会社が操業停止まで「富岡製糸場」の経営を担っていく。

戦後も日本を支えていた富岡製糸場

「片倉製糸紡績株式会社」が１９４３（昭和18）年に「片倉工業株式会社」と改称した後も、富岡工場では生糸の生産が続いた。

合併直後の１９３９（昭和14）年には、史上最高の90トンという生糸生産高も記録。やがて戦争の影響で全国各地の生糸工場は、軍事用に必要な「軍需物資」の生産を引き受ける「軍需工場」の指定を受けるようになる。富岡も例外ではなく、１９４５（昭和20）年に迎える終戦までの2年間は、パラシュート用の生糸を作る工場に指定されていた。

終戦直後は全国的にモノがない状態。「富岡製糸場」は戦災こそ免れたものの、生糸生産に欠かせない繭はおろか、工場を動かす燃料や機械を動かすのに必要な潤滑油なども足りないため、操業困難な状態に陥った。

終戦翌年、政府は「蚕糸《さんし》復興5か年計画」を策定。資金の融資制度などが設けられ、生糸生産の拡大を国として目指すことに。というのも生糸は明治の開国以来、日本の輸出を支える主力産業であり続けたからで、戦後復興の軸に生糸が選ばれたのも当然だ。

1947(昭和22)年には「富岡」に最新の繰糸機が480台も導入されて、輸出用の生糸生産が再開される。その後も国内で開発された最先端の繰糸機や周辺設備を導入するなどして順調に生産を続けていったが、1975(昭和50)年ごろを境に、化学繊維の普及などで生糸の需要が減るようになっていった。そして1987(昭和62)年に「富岡製糸場」は操業を停止。115年に及ぶ生糸生産の歴史に幕を下ろした。

その後、「片倉工業」は「富岡製糸場」が歴史的な財産だという価値を認め、自力で保存に努めていった。やがてそれは「売らない・貸さない・壊さない」という、会社が定めた方針のようなものになり、受け継がれていった。操業停止からおよそ18年にわたり、操業していない工場に維持管理のための常駐社員を配置して、傷んだところが見つかれば補修工事などもしていたのだ。

2005(平成17)年7月に「富岡製糸場」が「国指定史跡」となり、9月には富岡市に寄贈され、現在にいたるのである。

「蚕」ってどんな一生をすごす、どんな生きもの？

「蚕」は「鱗翅目《りんしもく》カイコガ科」に分類される蝶や蛾の仲間・カイコガの幼虫。だから蝶や蛾と同じく卵から孵化して幼虫に、やがてサナギとなって羽化して成虫になる。

幼虫は桑の葉を食べるため、卵のまま冬を越して桑の葉の新芽が出るころに孵化。3ミリほどの黒ずんだ体が昆虫のアリに似ていることから、「蟻蚕《ぎさん》」との別名もある。時間とともに体色は白っぽく変化する。

繭を作れるまでになるには、孵化から4週間ほどの時間がかかる。この間、成長を続ける蚕は脱皮を4回繰り返す。生まれたばかりの幼虫は「1齢《れい》」と呼ばれ、脱皮するたびに「2齢」「3齢」「4齢」「5齢」と成長段階を示す呼び名が変わる。この「5齢」になると、繭を作るまではあと一息。幼虫としての最終段階だ。ちなみに繭を作る直前の幼虫（熟蚕《じゅくさん》）は体重が6グラム以上、孵化したばかりの「蟻蚕」と比べると1万倍近くにまで大きく育っている。人間でいえば、体重3000グラム（3キログラム）で生まれて20歳で成人するころには3万キロ＝30トンになるようなもの。成長ぶりのすさまじさがわかる。蚕の体内では、成長とともに繭づくりのための絹糸を生み出す「絹糸腺《けんしせん》」が増えていくのだが、こちらは孵化時と比べて16万倍にもなる。繭作りをはじめる直前の熟蚕の体内は、絹糸で満たされているようなものなのだ。

「5齢」の終わりごろ、桑の葉を食べなくなった蚕は体が透き通ったアメ色に変化する。これが「熟蚕」で、やがて2〜3日の間、昼も夜も関係なく絹糸を吐き続けて繭を作る。吐き出される絹糸は1本だが、切れることなく1500メートル以上の長さに達する。

繭を作り終えて2〜3日後には、幼虫は繭の中で脱皮してサナギに。さらに10日ほど経つと繭の中で羽化して成虫となり、繭に穴を開けて外に出る。

外に出てきた成虫は間もなく交尾をする。メスは翌日ぐらいまでには、だいたい500粒ぐらいを産卵する。成虫の寿命は4〜5日と短い。

産卵直後から孵化直前までの卵を産業用語で「蚕種」と呼ぶ。生産する生糸の品質安定には孵化した幼虫の性質なども関係するので、「蚕種」の取り扱いは生糸生産に大きく影響するのだ。また、カイコガは飼育が難しい昆虫で、気候の変化などにも敏感なため、カイコガや蚕を飼育する「養蚕」も重要になってくる。

「富岡製糸場と絹産業遺産群」に関係が深い人物

「富岡製糸場と絹産業遺産群」は、数多くの人々が知恵や努力を傾けた結晶ともいえるもの。全員は紹介しきれないが、特に関係が深いと思われる人物を列記してみよう。

・渋沢栄一

明治期を代表する日本の実業家で、大蔵省の官僚時代に「製糸場建設」の担当者となり、ブリュナの雇用や尾高惇忠《おだかじゅんちゅう》の登用などを決めた。工場建設の基礎を築いた人物だ。大蔵省を辞職後は「国立第一銀行」の頭取としてだけではなく、数多くの企業を創立・支援したことでも知られる。

・ブリュナ

ファーストネームはポール。製糸場の総責任者として明治政府と契約したころは30歳の若さ。5年の契約期間で設計・建設・指導者の招聘と育成など、幅広い事案について指導的立場にあり、フランス式の最新機械導入を進めたのもブリュナ。

・尾高惇忠と勇《ゆう》親子

渋沢とは故郷が近く、かつて渋沢に『論語』を教えたことがある縁から渋沢に請われて建築資材の調達などを担当する。製糸場が完成すると初代所長に就任。工女不足に悩まされた最初期には、娘の当時14歳だった「勇」を工女第1号として連れてきた。勇は父の思いをよく理解していた人物で、外国人女性教師の手ほどきを受けて「一等工女」に。1873（明治6）年のウィーン万博に出品された生糸の製造にも携わっている。

・韮塚《にらつか》直次郎

惇忠と同郷だったことから瓦やレンガの製造に携わったが、もともと農業や油業を営んでいた。しかし彼の伝手で腕利きの瓦職人を大量に確保。日本にはなかったレンガだったが、製法に瓦を作る技術も取り入れて国産レンガを大量に造り出すことに成功。後には自身も器械式製糸所を創業している。

・田島弥平

蚕種の一大産地だった奥州で生育させた蚕種を持ち込む「切り出し種」を手がけていたが、各地の養蚕技術を研究して自然の通気が重要だと考えた弥平は「清涼育《せいりょういく》」を大成。繭の品質を安定させるとともに、「清涼育」に適した蚕室構造も研究し、天窓つきのヤグラを備えた住居兼蚕室を建設する。明治初期には早くも全国各地から視察する養蚕関係者が訪れていた。

・高山長五郎

養蚕技術の普及を目指す教育機関「高山社」の創設に尽力した人物。高山は換気を重視した「清涼育」に蚕室の室温を高める「温暖育」の長所を組み合わせ、1883(明治16)年ごろには、蚕の生育に適した温度で一定化させる「清温育《せいおんいく》」を完成。1884(明治17)年に「養蚕改良高山社」を設立して初代社長に就任した。後に「清温育」は近代日本の標準的な養蚕方法として普及する。

・庭屋千壽《にわやせんじゅ》

蚕種が産みつけられた「種紙《たねがみ》」を低温で貯蔵すると孵化時期を調節できる。電気による冷蔵技術は昭和にならないと実現しなかったから、冷蔵庫などなかった時代は、それを自然の中に求めるしかなかった。「高山社」卒業生の千壽は夏でも2度前後の冷たい風が吹き出す「荒船風穴」に着目し、養蚕のみならず土木などの技術者も招いて種紙保存に適した風穴を作る。最終的に3基の貯蔵所を作り、110万枚もの大量の種紙を保存することが可能になり、全国から蚕種貯蔵の委託も受けるようになった。

第2章

MAPつき！

「富岡製糸場と絹産業遺産群」の秘密

遺産群」周辺MAP

【「富岡製糸場と絹産業遺産群」とは?】

初の「官営模範工場」として設立された「富岡製糸場」をはじめ、
日本の近代化をリードした製糸業をめぐる重要な遺構4つの総称。
良質な蚕の養育、蚕卵の貯蔵技術、高品質な生糸生産という、
製糸業の全工程で明治時代に培われた知識や技術を体系的に学べる。

「富岡製糸場と絹産業

位置図
新潟
福島
群馬
栃木
富岡製糸場
田島弥平旧宅
荒船風穴
高山社跡
茨城
長野
埼玉
山梨
東京
千葉

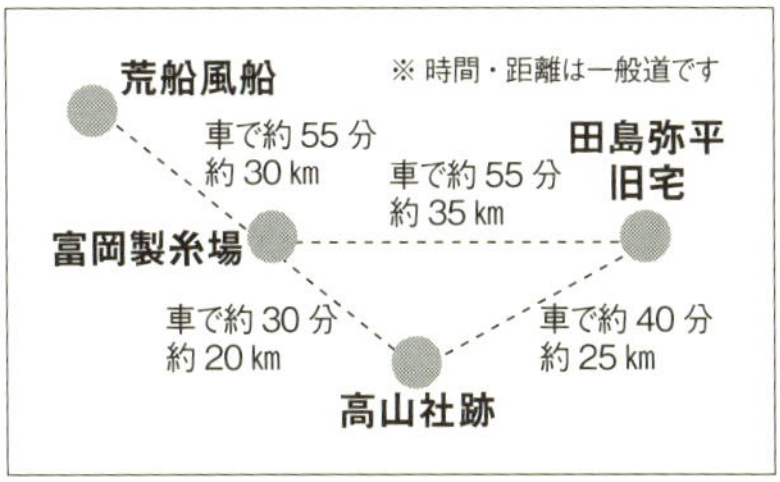
荒船風船
※ 時間・距離は一般道です
車で約 55 分
約 30 km
田島弥平
旧宅
車で約 55 分
約 35 km
富岡製糸場
車で約 30 分
約 20 km
車で約 40 分
約 25 km
高山社跡

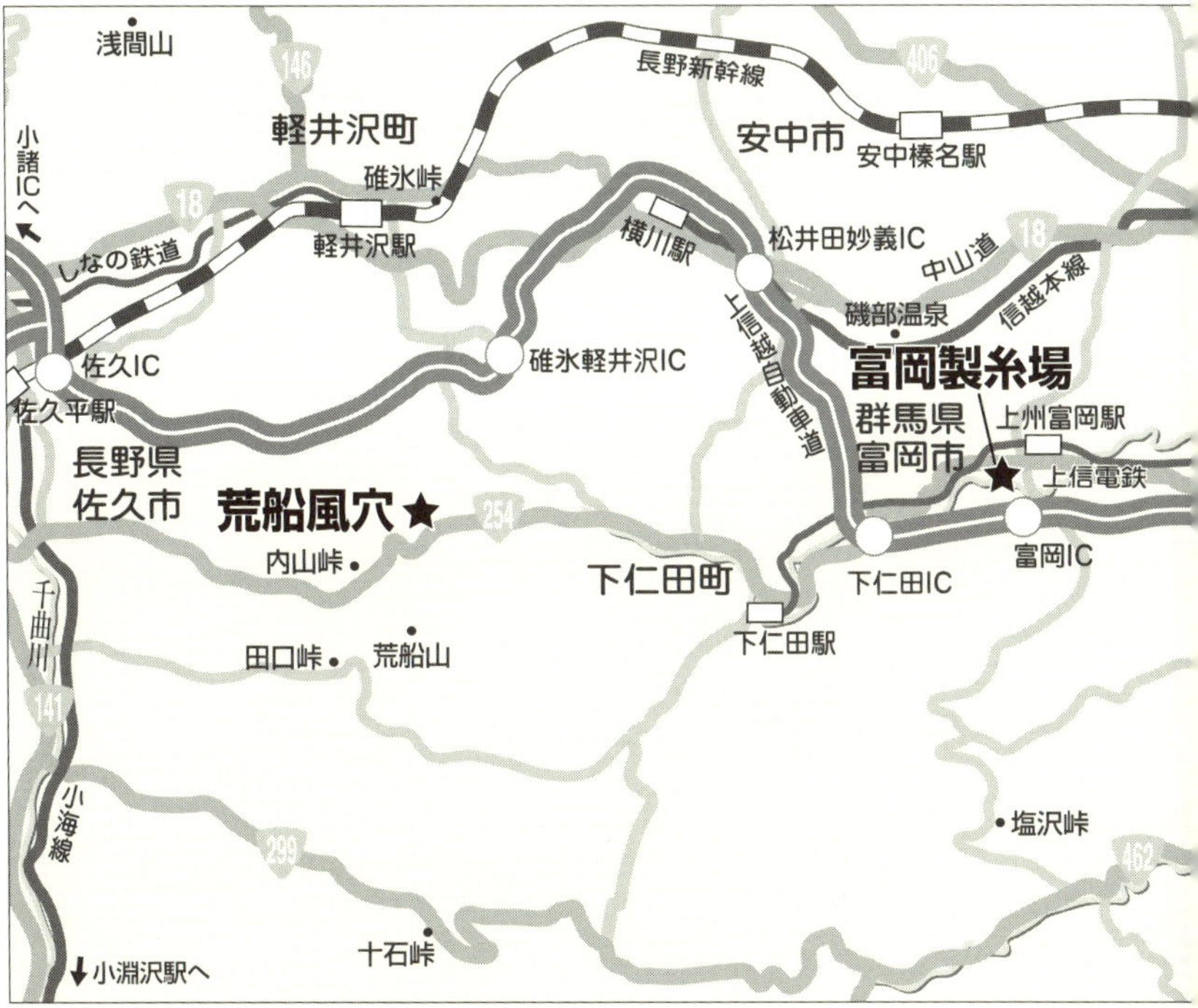
浅間山
146
長野新幹線
406
軽井沢町
安中市
安中榛名駅
小諸ICへ
碓氷峠
18
軽井沢駅
横川駅
松井田妙義IC
しなの鉄道
中山道
18
信越本線
磯部温泉
佐久IC
碓氷軽井沢IC
上信越自動車道
富岡製糸場
佐久平駅
群馬県
富岡市
上州富岡駅
長野県
佐久市
上信電鉄
荒船風穴
254
内山峠
下仁田町
下仁田IC
富岡IC
千曲川
下仁田駅
田口峠
荒船山
141
小海線
塩沢峠
299
462
十石峠
小淵沢駅へ

「富岡製糸場」ってどういう施設なの？

歴史の教科書に必ず載っているのが「富岡製糸場」。その建設までの経緯などは前章でも紹介したので、ここでは現存している遺構などについて簡単にまとめてみよう。

「富岡製糸場」は2005（平成17）年7月14日に「国指定史跡」として登録されているが、その翌年7月5日には、1875（明治8）年以前に建築された遺構が、改めて国の「重要文化財」として指定され、現在は富岡市が管理している。

「繰糸場」「東・西繭倉庫」「外国人宿舎（女工館《じょこうかん》）」「検査人館《けんさにんかん》」「ブリュナ館」など国の重要文化財に指定されたほとんどの遺構は、ほぼ創業当初の状態で良好に保存されている。このように、明治政府が主導した官営工場の中で、ほぼ完全な形で残っているのは「富岡製糸場」だけなのだ。

ここで国の「重要文化財」となっている遺構を列記してみよう。どれだけ歴史的な価値が高いか、すぐに理解できるだろう（カッコ内は官報告知時の名称）。

①繰糸場（繰糸所《そうしじょ》）

②ブリュナ館（首長館《しゅちょうかん》）
③蒸気釜所《じょうきがましょ》
④女工館
⑤検査人館
⑥東繭倉庫（東置繭所《ひがしおきまゆじょ》）
⑦西繭倉庫（西置繭所《にしおきまゆじょ》）
⑧鉄水槽《てっすいそう》（鉄水溜《てつみずとめ》）
⑨レンガ積み排水溝（下水竇《げすいとう》及び外竇《がいとう》）

これに「附《ふ》」という扱いで「鉄製煙突基部《てつせいえんとつきぶ》」と「旧候門所《きゅうこうもんじょ》」が続く。

このうち「繰糸場」内は操業停止時の状態で保存され、当時の最新式だった自動繰糸機がそのまま設置されている。なお、明治期に使用された「フランス式繰糸器《しきくりいとき》」やそれを動かしていた「横型単気筒蒸気機関《よこがたたんきとうじょうききかん》」は、それぞれ「岡谷蚕糸博物館《おかやさんしはくぶつかん》」と「博物館明治村」に保存されている。

アクセス情報

■自動車：上信越自動車道の富岡インターチェンジから各市営駐車場まで約 10 分、駐車場から徒歩5分

■公共交通機関：上信電鉄上州富岡駅から徒歩約 15 分

■所在地：富岡市富岡1番地1

■問い合わせ先：富岡製糸場 ☎0274（64）0005

富岡製糸場

日本近代化の出発点で原動力

「富岡製糸場」正門。すぐ奥には皇室により植樹された木々が立ち並び、歴史的価値の高さを物語る

世界遺産登録に向けて上信電鉄は応援メッセージつきレンガ色車両も走らせていた

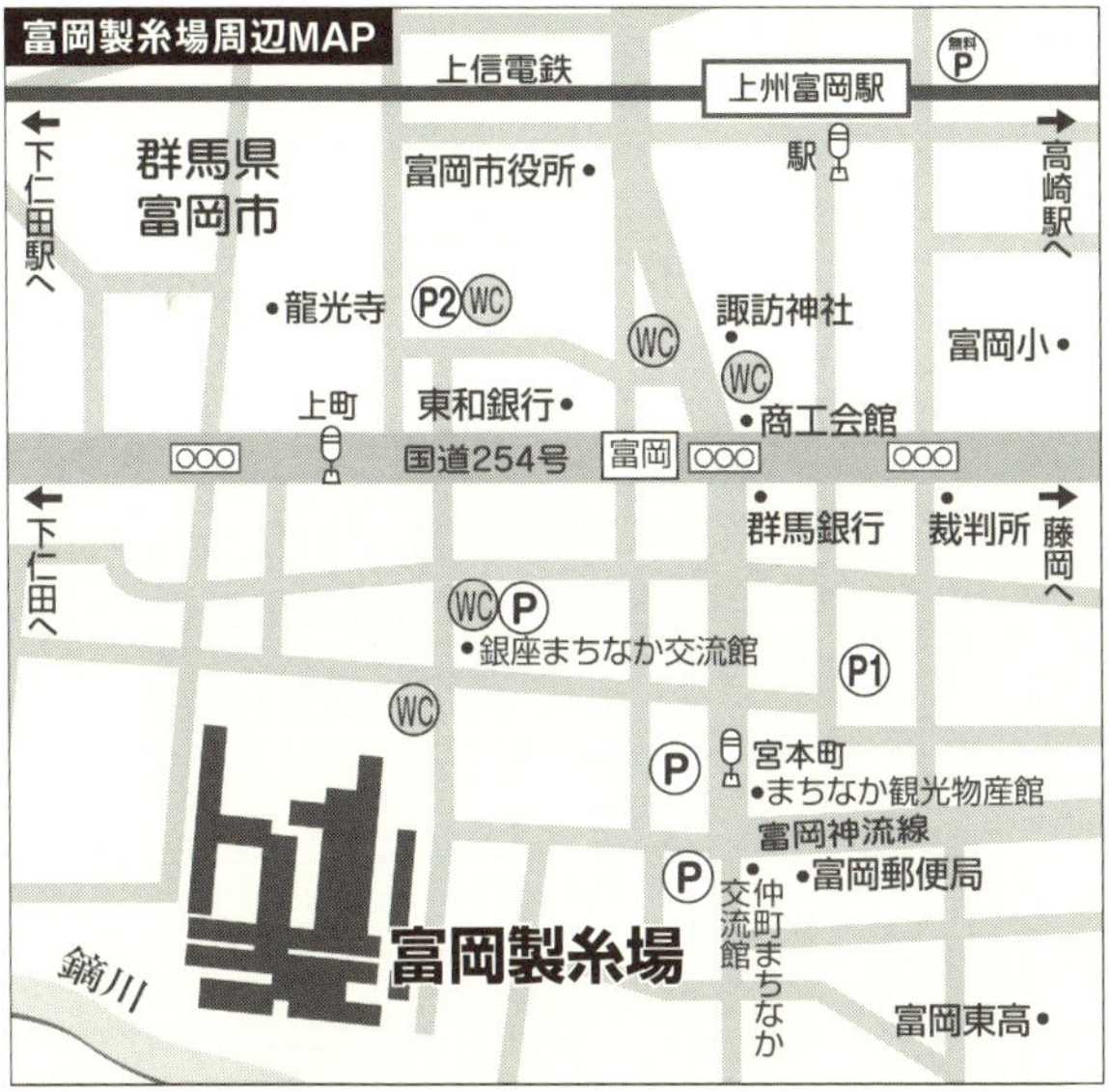

富岡製糸場への車の乗り入れはできないため、各駐車場を利用。P1、P2の市営駐車場より徒歩10分。上州富岡駅近くにある無料駐車場より徒歩20分

富岡製糸場

日本近代化の出発点で原動力

正門を入ると正面に見えるのが「東繭倉庫」。内部の右側は現在、展示場として利用

当時のガラス板がそのまま使われている窓も散見される。手延べ製なので歪んで見えるのが特徴だ

正門を入って左側に「国指定史跡」を示す石碑

中庭に抜けるアーチ通路には「明治五年」と刻印されたキーストーンが見える

富岡で使われたレンガの積みかた「フランス積」がよくわかる模型

富岡製糸場

日本近代化の出発点で原動力

フランス式機械の実物。蒸気を釜の下から当てて繭を茹で、その繭から絹糸を繰り出す。撚られた生糸は機械上部にある車輪の動きで巻き取られていく

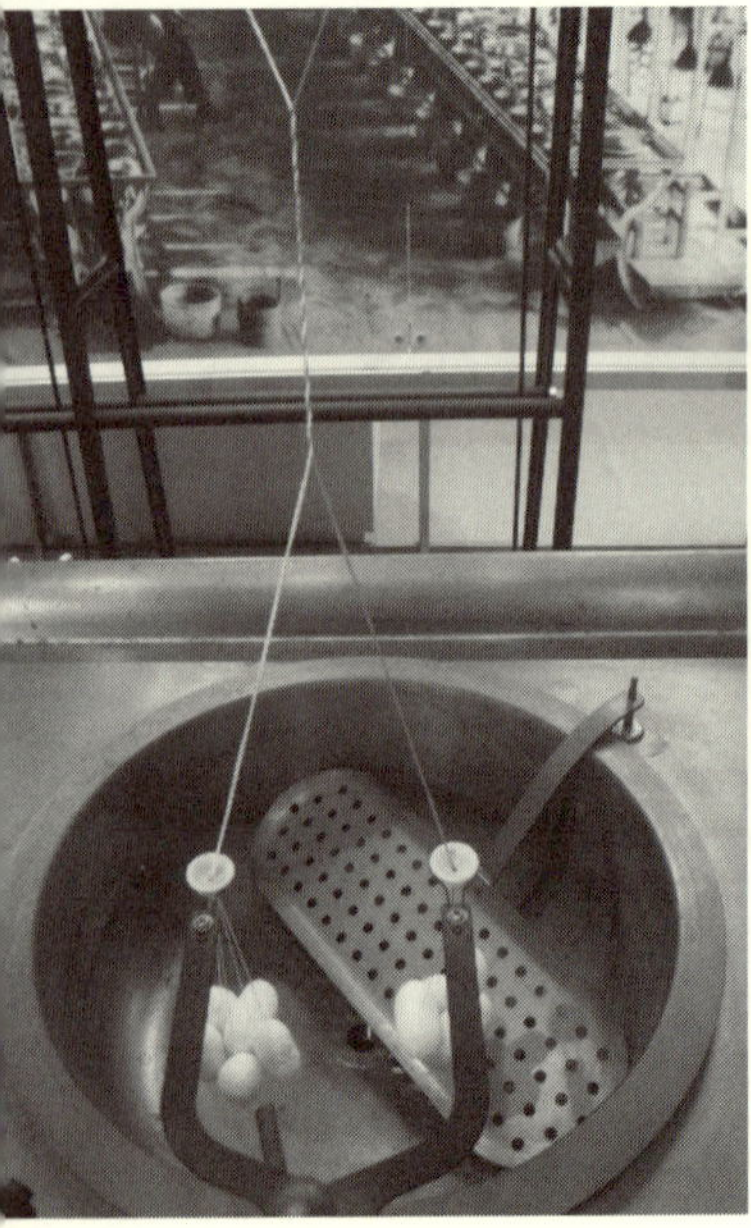

隣り合う生糸同士を撚り合わせて、より太い1本の生糸にしていく「共撚（ともより）式」と呼ばれる生糸生産の方法がよくわかるように色つきの糸がつけられた模型。均質な生糸を作れる一方で、左右のバランスが崩れると生糸が切れてしまう欠点もあった

正門から見て裏手側からの「東繭倉庫」。この内部1階が展示コーナーとなっており機械の実物などが間近で見られる。2階は一般公開されていない

東繭倉庫と同様に、2階は繭の保管場所として使用されていた西繭倉庫

富岡製糸場

日本近代化の出発点で原動力

現存する「寄宿舎」は民営化後に建て替えられたもの。住環境を考えて日当たりのよい場所が選ばれている

工場と同じ「木骨レンガ造」の「ブリュナ館」は1873（明治6）年の築造。平屋の寄棟造り桟瓦葺きという、和洋折衷の建築物で外周のベランダは「コロニアル様式」。建築面積は900平方メートル強。レンガ造りの食料貯蔵用の地下室も備えられていた

日本の「産業医制度」の原点ともいえる「診療所」は、機能的には小さな病院規模の設備が整っていた

富岡製糸場建設に尽力したブリュナー一行

富岡製糸場

日本近代化の出発点で原動力

バルコニーの欄干を
見ると「コロニアル
様式」がよくわかる

当初は女性フランス人技術者の宿舎だった「女工館」は工女たちの寄宿舎。ここで工女たちは厳しい規律のもと、規則正しく伝習生活を送った。ガラス窓はフランス製で、「原合名」時代に1階が食堂に改装された

「検査人館」も「コロニアル様式」。もとは男性フランス人技術者の宿舎で、後に貴賓室（きひんしつ）としても利用

おそろいの服を着て座る大勢の工女が整然と並ぶ、工場内の様子（昭和初期）

富岡製糸場
日本近代化の出発点で原動力

繰糸場に入って天井を見上げると「トラス構造」の骨組みが目に飛び込む。よく見ると当時のボルトがそのまま残っているところも。1尺角の通し柱により、壁に重量がかかりにくくなっている

柱がなく広大なスペースが確保できていることは一目瞭然。蒸気を抜くための窓と、採光のための大きなガラス窓がいくつもあるので、内部はかなり明るい

正面から入ってすぐの事務所も、実は当時の建物を改修して使用。
ボランティア解説の集合場所でもある

(上)「繰糸工場」の案内板も残る「繰糸場」。(右)操業停止時まで使っていた、当時最新式だった機械が今もそのまま設置されていて、往時の姿を偲ばせる。建物そのものは1872(明治5)年当時のままで、長さ140.4メートル、幅12.3メートル、高さ12.1メートル。現在のコンクリート製の床は、完成当時はレンガが敷き詰められていた。

「高山社跡」ってどういう施設なの？

高山長五郎が設立した養蚕専門教育機関「高山社」の遺構が「高山社跡」。長五郎の生家はもともと武士の家系で、戦国時代には関東管領《かんとうかんれい》・上杉《うえすぎ》氏の配下として働いていた。高山は、秩父《ちちぶ》方面からの敵に備える重要拠点でもあったのだ。

江戸時代に入り、武士を捨てて地域一帯の名主として存続していた高山氏。長五郎は広大な敷地を活かして養蚕法の改良に着手。先祖伝来の屋敷を壊して蚕室を新たに建設するなど、すべてを投げ打って養蚕に人生をかけた人物だった。

やがて「清温育」という養蚕法を編み出した長五郎は、自宅を学校として数多くの後進を指導。卒業生を全国各地に「養蚕指導員《ようさんしどういん》」として派遣するなど、「富岡製糸場」が生糸生産のための後進育成の場であったことに対し、養蚕のための後進育成の場として機能していた。

1884（明治17）年に「養蚕改良高山社」が発足して初代社長に長五郎が就任。2年後に彼が亡くなると、2代目社長には副社長だった町田菊次郎《まちだきくじろう》が昇格する。その翌年、「高山社」は藤岡町《ふじおかちょう》（当時）に事務所と伝習所を移転したが、「高山社跡」があるこの地には、「高山分教場《たかやまぶんきょうじょう》」としてその後も利用され続けた。

藤岡町に移転した後に開校した「養蚕学校《ようさんがっこう》」には、全国から生徒が集まった。朝鮮や清国からの留学生も受け入れていたというからグローバルだ。「高山社跡」の背後には、大規模な竹林も広がっている。これが養蚕に役立った。養蚕のために竹林をしつらえたわけでもないらしいのだが、蚕を養育するカゴなどで竹が大量に必要となっても、すぐ近くで素材を調達できるという地の利を生んだのだ。

また、風呂や便所などが蚕室と切り離されているのも理由があり、多くの湿気を生み出すこれらの施設を蚕室と同じ建物内部に入れてしまうと、養蚕によくない影響を及ぼすから。だから炊事場も外に置かれていた。水回りは「蚕室《さんしつ》」の大敵なのだ。

「蚕室」2階は外から見ると白壁で覆われているように見えるが、ここには大きな窓が設置されている。これも換気を考えた作りで、実は邸宅兼用だったにもかかわらず、人間にとっての居住性はほとんど考慮されていない。すべては「お蚕様《かいこさま》」のためだったのだ。

アクセス情報

■自動車：上信越自動車道の藤岡インターチェンジから約 20 分
■公共交通機関：JR八高線群馬藤岡駅から市内循環バス「めぐるん」（フリー乗降区間）で約 35 分の高山社跡前下車
■所在地：藤岡市高山竹之本237番地
■問い合わせ先：藤岡市教育委員会文化財保護課　☎0274（23）5997

近代養蚕技術を広める重要拠点
高山社跡

正面から見た長屋門（ながやもん）

地元有力者個人の屋敷がそのまま学校になっていた「高山社」の広大な敷地

興禅院から見た高山社跡

「高山社跡」を見下ろす立地に眠る長五郎。興禅院（こうぜんいん）の中でもっとも高台に位置する場所に彼の墓地がある

近代養蚕技術を広める重要拠点 高山社跡

養蚕農家の間取りがわかる内部1階

「高山社跡」のメイン施設「蚕室」の全景。3つ並んだ換気用の「天窓（てんそう）」には引き戸がついていて、天候に応じて開閉して室内の気温や湿度を調節。すぐ脇の高台から天窓を眺めると大きさがよくわかる。天窓内には沖縄からの留学生が残した「落書き」も残っている

2メートル以上も深く掘られて石垣が積まれた「桑貯蔵庫（くわちょぞうこ）」。桑は枝ごと切られてこの中に立てかけて保存されていた

一般公開されていない2階の「蚕室」の棚には整然と並べられた蚕飼育用のカゴ。写真左は繭を作らせるための装置

2階の蚕室にある温湿度調整の火鉢置き場

「田島弥平旧宅」ってどういう施設なの？

「田島弥平旧宅」とは、「清涼育」という養蚕技術を開発・普及させた功労者・田島弥平が住んでいた住居だ。彼は養蚕技術の開発だけではなく、現在も続く皇后の養蚕事業を教授した人物で、敷地内に貞明皇后《ていめいこうごう》（大正天皇后《たいしょうてんのうひ》）の記念碑があるのはそのためだ。

現在も子孫が住んでいて住居として現役。だから一般宅なのに史跡に指定されている特殊性を理解して、見学の際は、立ち入り禁止エリアに侵入するなどのマナー違反は厳に慎もう。近隣には養蚕に携わった田島一族の家などが数多く建っていて、見学コースに盛り込まれているが、この農家群も敷地内には立ち入らないようにしよう。

この遺産の見どころは、随所に残されている製糸業にかかわる痕跡だ。例えば、屋根の上には「ヤグラ」と呼ばれる換気用の引き戸がつけられた設備が横たわっている。一見するとわかりづらいが、幅1・8メートル、高さ2メートルほどもあり、大人が歩いて通れる空間が広がっている。外からは見えないが「ヤグラ」の床部分はスノコ状になっていて、空気がスムースに通り抜けられるように工夫されている。2階を見ると大きなトビラが並んでいる様子を見ることができるが、これは蚕室への換気を第一に考えて、窓を大きくした結果。つまり、人間の居住性より蚕の居住性を重視した、いかにも養蚕農家らしい造りとなっているのだ。

前述した養蚕農家としての機能美を備えた主屋《おもや》以外にも、「田島弥平旧宅」は敷地内に今も、蚕室跡や桑場《くわば》、種蔵《たねぐら》など、当時を偲ばせる遺構が数多く残されていて、２０１２（平成24）年、「国指定史跡」に登録されている。ちなみに主屋は幕末の１８６３（文久３）年に建築されたもので、江戸時代末期の現存建築物という側面も持ち合わせている。

また、「田島弥平旧宅」に近い場所には、「ぐんま島村蚕種《しまむらさんしゅ》の会《かい》」が管理する「島村見本桑園《しまむらみほんそうえん》」という桑畑があり、小学生の体験学習などに活用されている。

「田島弥平旧宅」がある島村という土地は、養蚕技術などで近隣をリードする存在でもあった。弥平の本家筋にあたる田島武平も養蚕史に名を残す人物で、彼の旧宅は「桑麻館《そうまかん》」として、「田島弥平旧宅」の南側に現存している。

アクセス情報

■自動車：関越自動車道の本庄児玉インターチェンジから約 20 分

■公共交通機関：JR両毛線伊勢崎駅からバスで約 45 分、下車して徒歩 10 分。JR高崎線岡部駅からタクシーで約 20 分。東武伊勢崎線境町駅からタクシーで約 20 分。JR上越新幹線本庄早稲田駅からタクシーで約 30 分

■所在地：群馬県伊勢崎市境島村字新地2243番地

■問い合わせ先：田島弥平旧宅案内所 ☎0270（61）5924

養蚕技術に一大変革を！
田島弥平旧宅

主屋の屋根上には「櫓（やぐら）」が今も残る。表門の南西に位置する「桑場」も屋根上には天窓があり、これらの特徴は周辺の農家群にも数多く残っている

主屋に東風を効率よく送るため周辺の家々と異なる向きで建てられた「表門」

貞明皇后が行啓したことを記念した石碑が「田島弥平旧宅」の価値を示す

主屋中央付近には頼山陽の筆による額がある

「新蚕室」と主屋をつないでいた渡り廊下の遺構。この裏側には顕微鏡室もあった

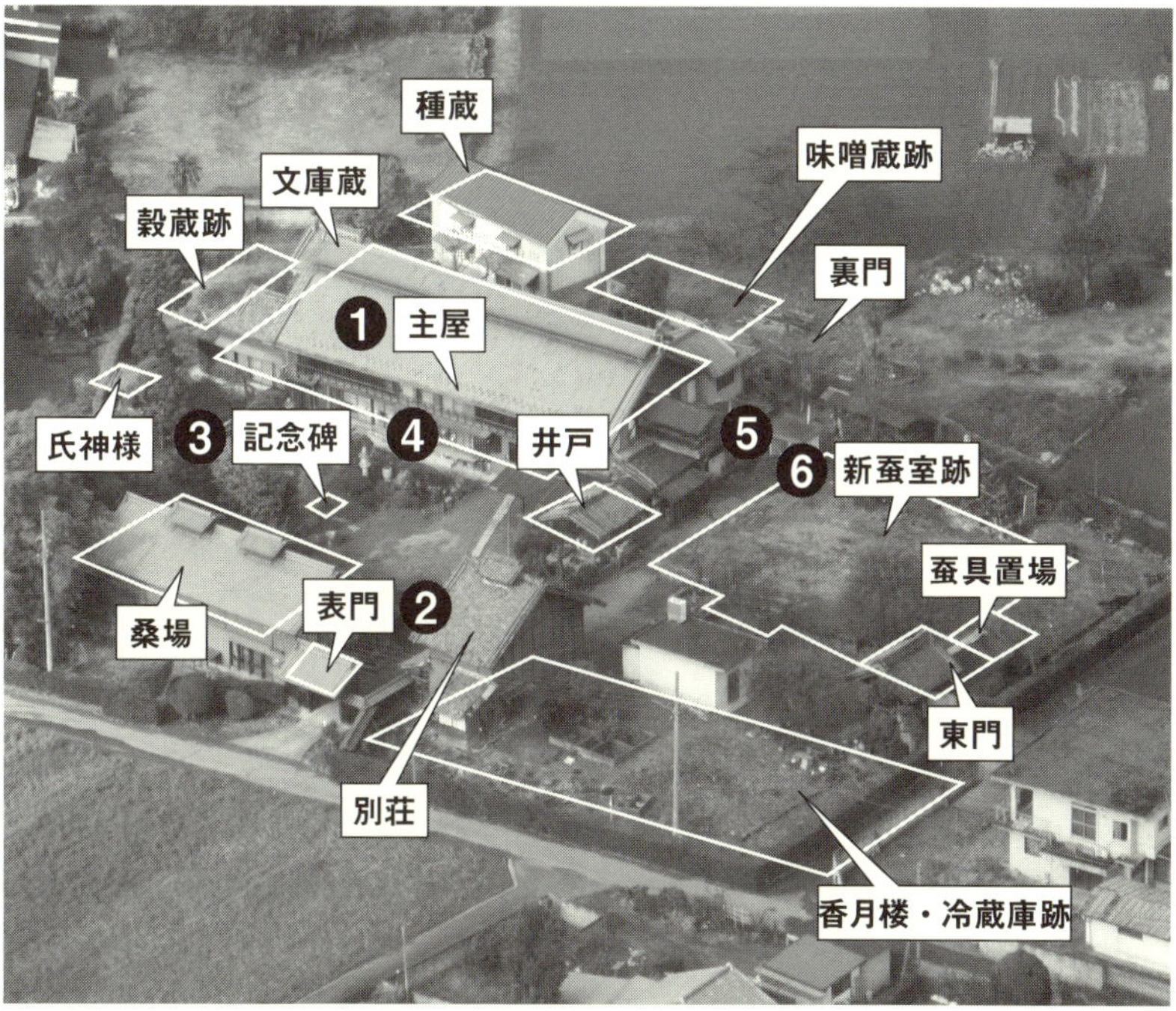

❻の新蚕室跡は現在は基礎部分しか残っていないが、かつて蚕室があった場所。❺の写真にある2階の渡り廊下で主屋と連結されていた

養蚕技術に一大変革を！
田島弥平旧宅

1894（明治27）年に弥平の娘が建立した「田島弥平顕彰碑」と田島扇養蚕興業碑

境島（さかいじま）小学校の敷地内にある「案内所」。島村沿革碑もある

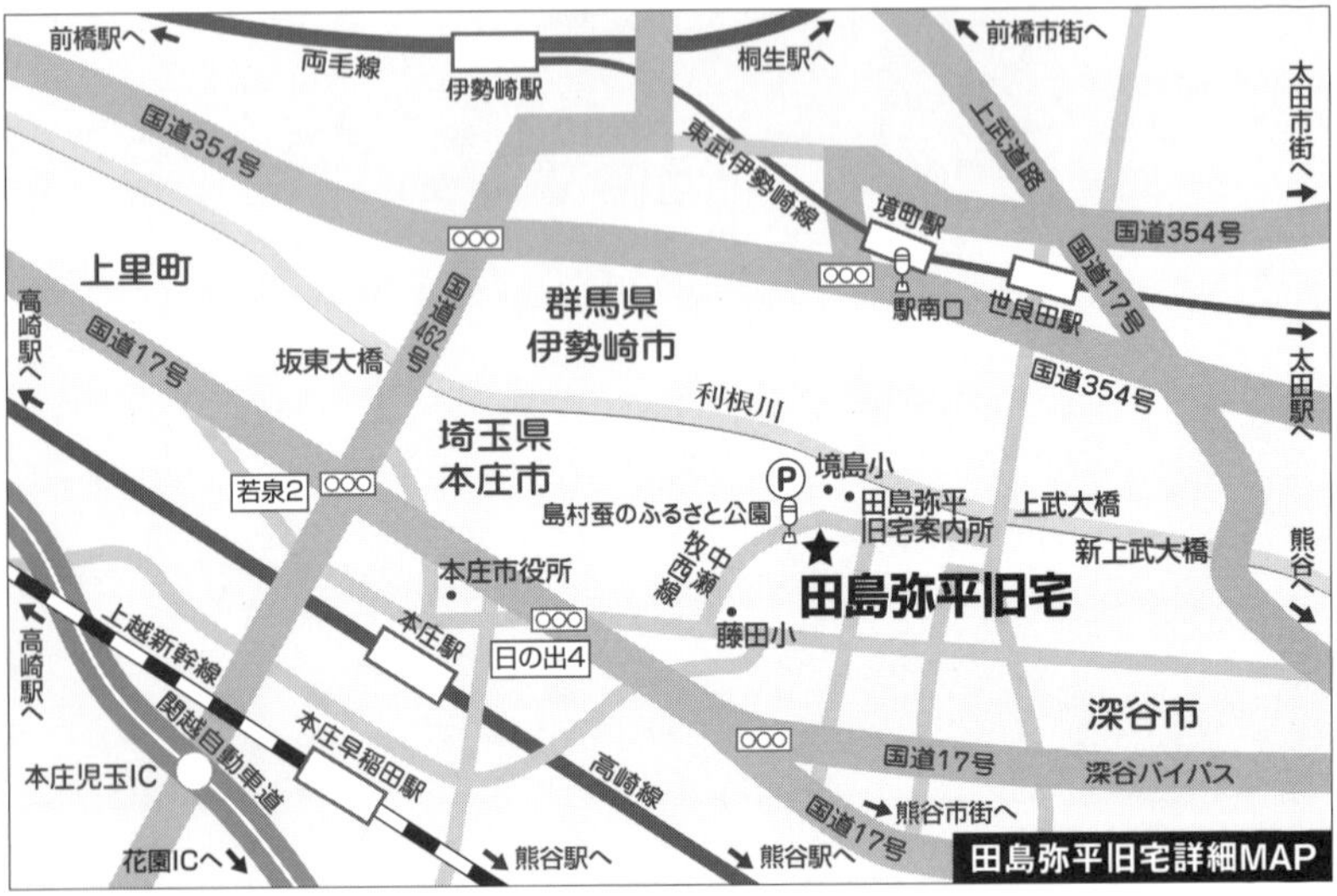

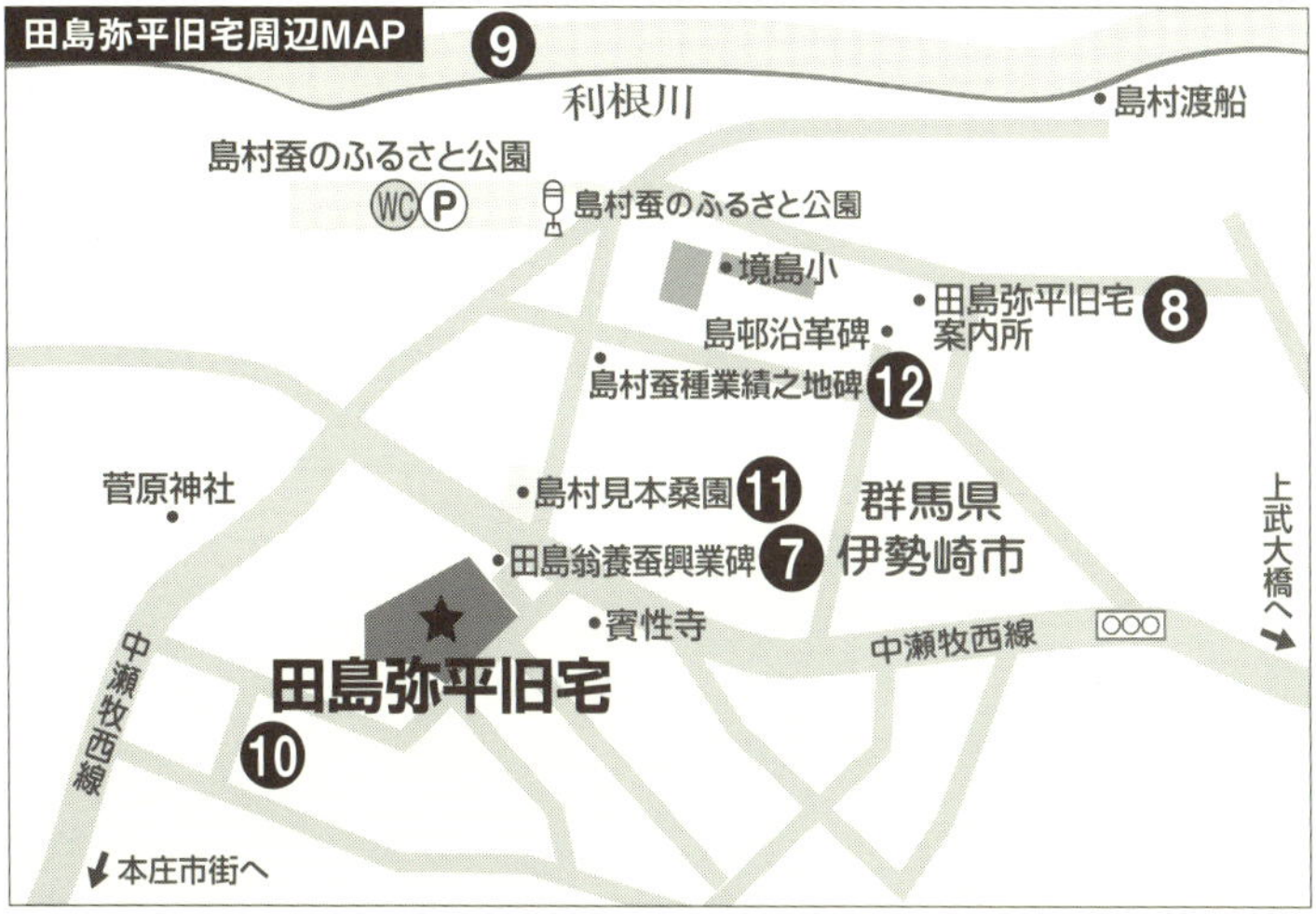

「島村蚕のふるさと公園」の北には日本一の流域面積を誇る利根川。島村地区には石垣が多く見られるが、これは利根川がよく氾濫していた時代の名残で家を流されないための知恵

現在は住宅地となっている「島村蚕種株式会社（しまむらさんしゅかぶしきがいしゃ）」跡地の業績碑

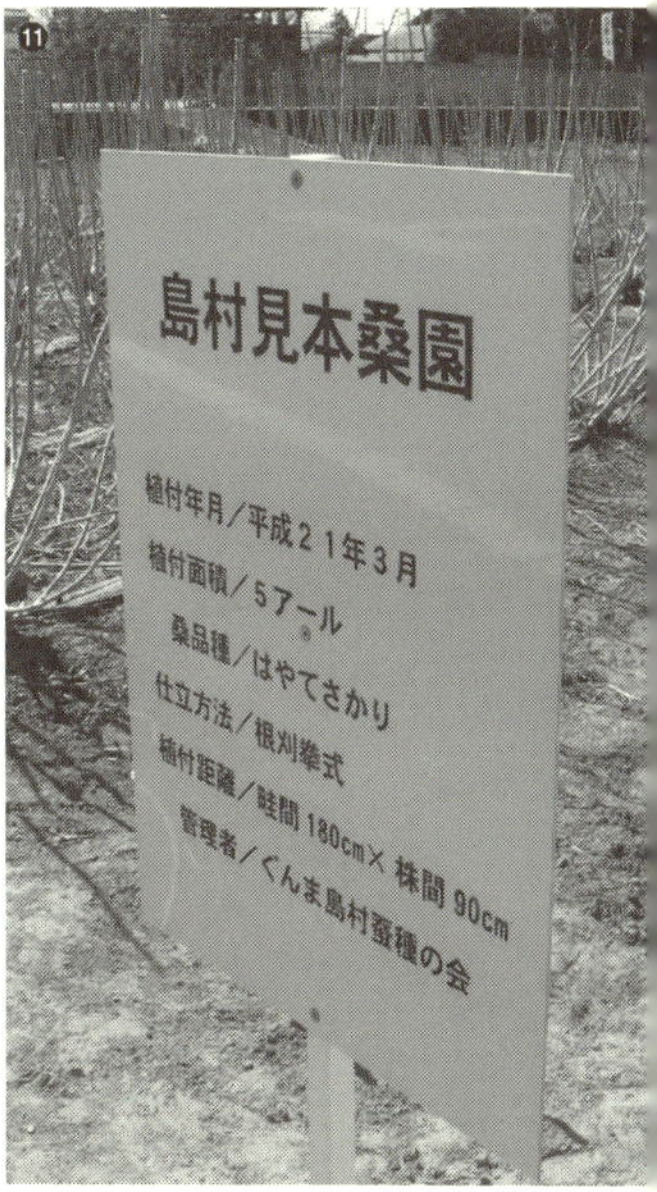

「田島弥平旧宅」そばの「島村見本桑園」

「荒船風穴」ってどういう施設なの？

「荒船風穴」は、蚕種貯蔵技術の革新を担った場所。「富岡製糸場」「高山社跡」「田島弥平旧宅」とは、いずれも蚕種の貯蔵契約を通じて密接な関係があり、「高山社跡」とは技術協力の面でも深いつながりがあった。

「荒船風穴」を建設したのは、地元で蚕種製造業を営んでいた庭屋静太郎。「荒船風穴」は彼の手によって1905（明治38）年から1914（大正3）年に建設され、貯蔵能力は当時の国内では最大規模を誇り、取引先は国内40道府県のみならず朝鮮半島にまで広がっていた。

「荒船風穴」ができるまで日本の養蚕は、年1回、自然に孵化する季節の春しかできなかった。しかし冷風によって孵化の時期を調節することが可能になったため、年に複数回の養蚕を可能とした。これは生糸を季節に関係なく安定的に生産できるということを意味する。つまり、品質の安定と同時に生産量の安定を実現できるので、日本の生糸はますます国際市場での競争力を高められるようになったのだ。

　昭和10年ごろになると、電気冷蔵装置の開発などによって、自然に頼る「荒船風穴」は役目を終えたが、短期間とはいえ日本の製糸業に与えた影響は大きかった。

「荒船風穴」は自然の地形を利用した施設。岩の隙間から冷気が吹き出すことを利用したもので、石積みの基礎を組んでその上に建屋を設置。この内部に棚を作って、全国から貯蔵を委託された種紙を保管した。

　3基の建屋は現存しないが、現在も冷気が吹き出ていて、操業当時の痕跡も残されている。それらの理由から2004(平成16)年には、国内に残る蚕種貯蔵風穴としては初の「国指定史跡」にも指定された(同時に中之条町の「東谷風穴」も指定されている)。

「風穴」とは、天然の冷気が吹き出す洞穴や岩場を指す言葉だが、養蚕業で用いる場合には特に蚕種を冷蔵貯蔵する施設という意味で使われる。「風穴」の利用そのものは「荒船」オリジナルではなく、幕末の長野県が発祥とされるが、「荒船風穴」が操業を開始したころから全国各地に広まった、当時としては最先端の蚕種貯蔵技術だ。

アクセス情報

■自動車:上信越自動車道の下仁田インターチェンジから佐久方面に向かい、神津牧場経由で約50分
■公共交通機関:上信電鉄下仁田駅からタクシーで約30分。または、しもにたバス利用サンスポーツランド乗り換え(約32分)ーシャトルワゴンで約17分(土日祝のみ)
■所在地:群馬県甘楽郡下仁田町南野牧甲10690-1外
■問い合わせ先:下仁田町ふるさとセンター歴史民俗資料館 ☎0274(82)5345

荒船風穴

世界を変えた冷風による技術革新

明治後期の作業風景（『北甘楽郡案内（きたかんらくぐんあんない）』明治 43 年版に収蔵）。風穴内部には棚が設置されていて、受託した種紙を箱に入れて貯蔵していた。7キロ離れた場所にあった運営団体「春秋館」との間に専用の電話線も引かれていて全国各地と取引可能だった。現存する石積みの上に「風穴建屋（ふうけつたてや）」があった

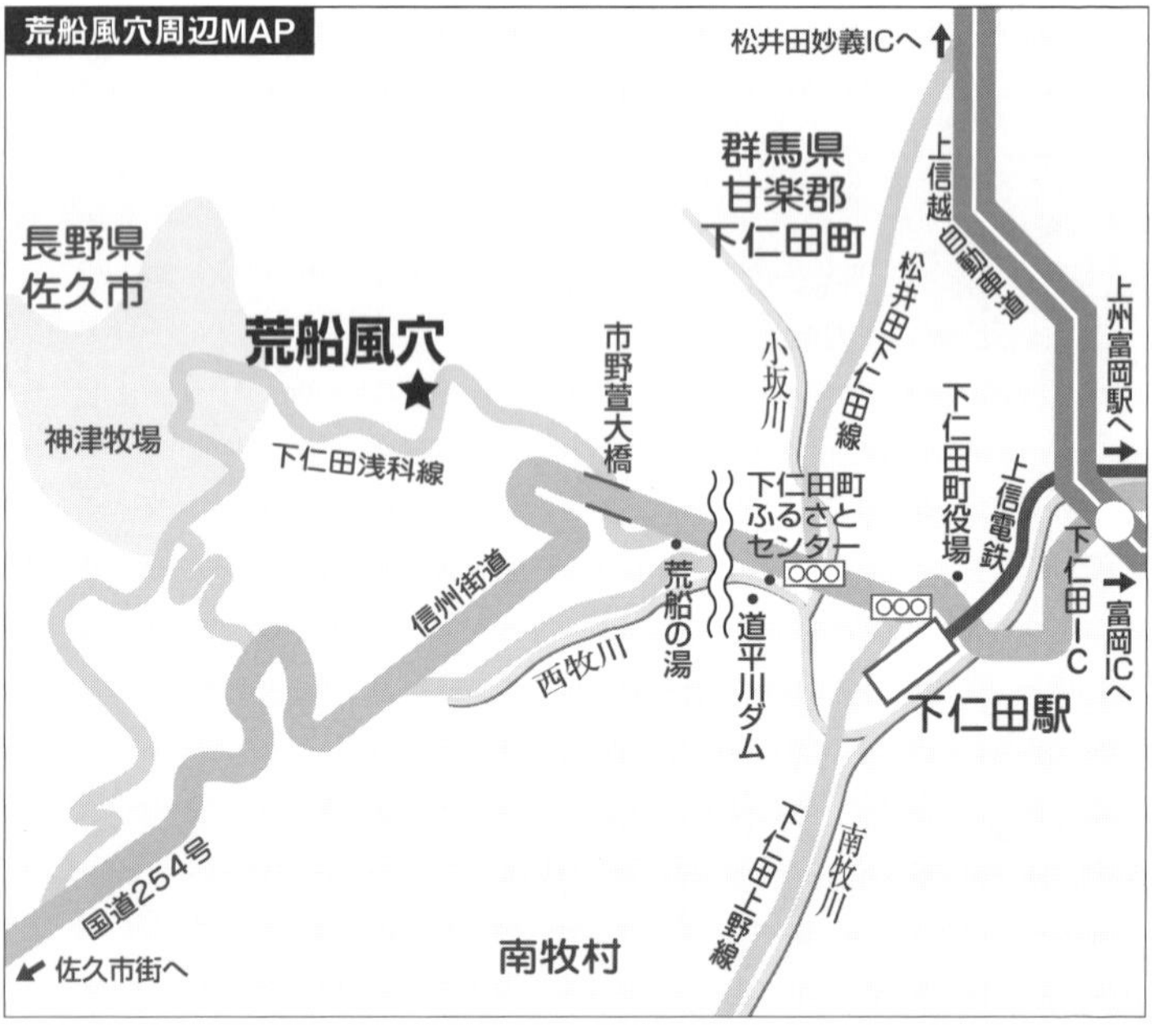

石垣を積み上げたような見た目の遺構だけが残る「荒船風穴」(上から「1号」「2号」「3号」の各風穴)。当時はこの上に蚕卵を保管貯蔵するための建屋があり、風穴から吹き出る冷気を効率的に取り入れて低温を維持した。大量の棚が設置されて、全国から受託した蚕卵がつけられた「種紙」を管理していた。低温で孵化の時期を調節、自由に繭が採取できるようになり、季節を問わない製糸を可能にした

世界を変えた冷風による技術革新 荒船風穴

自然を活用した史跡であるため、訪れる時期によって四季折々の風景を楽しめる。夏には自然条件さえそろえば、風穴内部から吹き出た冷気と触れた外気が急激に冷却されることによって空気中に含まれる水分が瞬時に結露。写真左上のようなミストを作り出す。夏場は外気温と風穴内部との温度差も大きくなり、自然が生み出した涼やかな冷風を、より強く実感することができる。写真左下のように冬場は遺構全体が雪に覆われるが、この厳しい冬の気候も冷気を生み出す源になっていて、雪解け水によって少しずつ風穴内部には冷やされた水分が蓄えられる

「荒船風穴」には3つの風穴があった。現在は「1号風穴」の奥に「冷風体験スペース」が設けられている。駐車は拡張・移動計画がある

第3章

「富岡製糸場」の時代①

——江戸から明治を生きた日本人

「富岡製糸場」創業当初に広まったトンデモ迷信！

明治初期の日本。開国して海外からさまざまな新しい技術や知識が洪水のように押し寄せていた時代だ。

時代の変革期だからこそ生まれる誤解というのもあった。知らないゆえに陥る勘違いも多かった。理由は定かではないが、この時代の〝迷信〟と呼ばれる類の話には、なぜか女性にまつわるものが多かったようにも思える。

中でも「富岡製糸場」に直接、関係していたのが、「工場の機械は、集められた工女の生き血で動いている」というウワサだ。

まだ「機械」というものになじみが薄かった当時の日本人。蒸気機関というものもよくわからないから、機械がどのような仕組みで動いているのか、さっぱり見当がつかない。となると「あやかしの術」でも使っているのだろう。何せ、設計も経営も外国人の手によるのだから、彼らが奇っ怪な術でも使っているに違いない。そう考える者が現れても不思議ではない。

このウワサには根拠もあった。「富岡製糸場」が、想像もつかない大々的な規模で、次々と工女をかき集めていたことだ。

「生き血を必要とするのだから、次々と女性を集めなければならないのも無理はない」

工場の原動力が「生き血」だと確信している人は、そのように結論づけたのだ。

こうしたウワサは、あっという間に広がっていく。おかげで「生き血を抜かれたくない」と考える女性がどんどん増え、政府の思惑とは裏腹に募集をかけても、なかなか工女が集まらないという事態に陥ってしまった。

何せ、工女の募集は全国的に広く実施している。工場建設をＯＫした富岡のように、外国人を受け入れる土地柄ばかりではない。根強く攘夷思想が残っている土地であれば、外国人が何らかの形で少しでも関与していれば快く思わない。そうした影響もあって、

〈工女の募集に応ずる者ひとりもなし〉

という深刻な状況まで招いてしまったのだ。

もちろん、工場は蒸気で動かしているし、貴重な働き手の工女に死と直結するような危険なことをさせるはずもない。それに国の行く末を左右する大事な工場だからこそ、規模が巨大で必要となる働き手の数も比例して常識はずれの規模になっている。

しかし、この正論も〝迷信〟に惑わされ、凝り固まった考えを抱く人々に対する説得力を生み出しはしない。

そのうちに、篤志家が娘を工女として働かせたり、元気に町中に出てくる工女がいたり、工場から女性の遺体が運び出されたりすることがない、などの証拠が積み上がり、あっという間にこのウワサは雲散霧消。1年を待たずに工女募集は軌道に乗りはじめた。

和田英も『富岡日記』で、

〈やはり血をとられるの、あぶらをしぼられるのと大評判になりまして〉

と述懐している。

こうしたウワサが広まるもうひとつの要因は、外国人が好んで飲むワインにもあった。赤ワインが血に見えたのだ。そこで「外国人は血をする」と早合点する者もいた。おまけに富岡にやってきた外国人は、ワインの名産地フランスの出身者がほとんどだったから、「血をする」場面に出くわす機会も多かったのだろう。

富岡のみならず、当時の日本では、あちこちで〝女性受難〟のウワサが持ち上がっては消えていった。

例えば、最先端の通信技術だった電信事業がスタートしたころの話だ。「富岡製糸場」が操業を開始した1872（明治5）年には、全国各地に電線網が張り巡らされるようになって、電信事業は広まりを見せていた。

この電信も、当時の日本人にとっては摩訶不思議な技術。やはり外国人が使う妖術ではないか、と言われるようになる。電信を可能にしているのは「電線に処女の生き血を塗っているから」というウワサが、広島や山口を中心に広まっていくのだ。

すると〝迷信〟に惑わされた女性は、誘拐されないために健気な対抗策を講じる。つまり、「〝非処女〟だ」と証明するため、人妻の風体に化けるのだ。眉毛を剃り落とし、お歯黒を塗る。こうすることで「私は人妻」だと外見的にアピールし、生き血を抜かれないように備えたのだった。

電信については、仕組みがわからないゆえの珍事も多かった。

電線を伝って遠くに届けられるのだからと、電線に弁当箱をぶら下げて遠方に届くか見守ってみたり、電信が電線を通過する瞬間を見たいと、弁当持参でずっと電線を見張るような者もいた。

日本の近代化は、このような障害も克服する必要がある難事業だったのだ。

幻の「群馬〜長野」ルート

今でこそ、鉄道でも道路でも、「日本の大動脈」といえば「東海道」を指す。鉄道なら東海道線に東海道新幹線、道路なら東名高速道路に名神高速道路。これらで関東と関西を結んでいるのはみなさんもよくご存知のはずだ。

日本の鉄道発祥の舞台も、東海道の一部をなす「新橋〜横浜」だったし、「東海道五十三次」でおなじみの、江戸時代から続く幹線である。

しかし明治初期の計画では、少なくとも鉄道の「大動脈」は、群馬県から長野県を抜ける、中山道に近いルートが想定されていた。

というのも「富岡製糸場」の操業開始にあたり、輸出の利便性をアップさせるため、優先的に鉄道敷設の計画が立てられた路線が、現在の高崎線だったからだ。

富岡で生産された生糸は、主に輸出に回される。当時の関東で貿易港といえば横浜だ。当時の鉄道は現在とはまったく置かれた立場が異なり、大量の物資を短時間で送り届けることが可能な唯一の手段だった。そこで富岡から横浜を結ぶ路線が完成すれば、飛躍的に輸出量を増やすことが可能になる。

富岡は現実的にも予算の制約的にも厳しいものがある一方、高崎まで路線を延伸できれば何とかなる。すでに品川までは線路が引かれているし、ここから北に延伸するだけだ。

こうして現在の高崎線は最優先で建設が進められた。

開業時期にズレはできたものの、「新橋～横浜」と同時に建設が進められていた路線がある。「神戸～京都」だ。神戸は関西を代表する港があり、そこから大阪、京都という重要な都市を結ぶプランで、最終的には東西それぞれに独立している路線を結んで大動脈にしようという最終目標が最初から立てられていた。

ところが明治政府は当時、財政難にあえぐ毎日が続いていた。だからさまざまな事業を並行して進めたくても優先順位をつけなければならない場合も出てくるし、計画そのものをできるだけ安く上げる必要にも迫られていた。「富岡製糸場」ができる限り近隣で可能なだけの材料をかき集めたのは、そうした国家の財政事情も関係している。

さあ、東西を結ぶ鉄道路線を、お金をかけずにできるだけ短期で仕上げたい。そう考えたとき、どうするのがもっとも現実的だろうか。察しはついたかと思うが、すでに開通している高崎線を活用することだ。軽井沢まで延伸して、あとは長野県と岐阜県を縦貫させればよい。関西の路線は滋賀県まで延伸する計画があったから、琵琶湖畔あたりで両方の線路をつなげばよい。それに軽井沢まで延伸すれば、そこから日本海までも目と鼻の先だから、日本海側と太平洋側を結ぶ路線もすぐに作れる。メリットだらけではないか。明治政府の首脳たちはそう考えた。

ところが、この計画は幻に終わってしまう。

いざ着工のための下準備として調査を開始してみたところ、当時の技術力ではいかんともしがたい難題があるということが発覚したのだ。

軽井沢からのルートを取るとなると、固い岩盤に遮られてトンネルを掘れない。急勾配なため当時の鉄道技術では登れない。そういった問題が顔を見せたのだ。なおかつ、計画を強行しようとすると、想定よりはるかに莫大な資金が必要になることもわかってきた。

一方、東海道ルートは、丁寧に延伸ルートを探れば、距離は長いものの少ない予算で作れることがわかった。比較的平坦な土地が続く上に山を越える必要がないから、結果的に低予算ですむことが明らかになったのだ。

こうして計画は180度方向転換。「日本の大動脈」は東海道ルートということで落着した。もしも現在の技術力が当時にあれば、もしかすると「大動脈」は当初の予定どおり中山道ルートに決まっていたかもしれない。

ひとつハッキリしているのは、いち早く最新の交通手段である鉄道を使えるようにとまで考えられていた「富岡製糸場」の〝地位〟の高さだ。そして生糸が枢要《すうよう》なポジションにあったことも改めて感じさせてくれる。

余談だが現在、東海道本線は「東京〜神戸」ということになっているが、それは当時の計画の名残なのだ。また、日本は海外の標準的なレール幅より狭い「狭軌《きょうき》」が多用されているが、これも当時の名残。つまり、少ない予算でできるだけ鉄道の延伸距離を稼ごうと考えた結果なのだ。

こうした〝低予算・長距離〟主義ともいうべき計画を主導したのは、これまた「お雇い外国人」だったイギリス人技師エドモンド・モレルである。彼は当初の予定で枕木を故国から輸入するはずだったのを取り止め、森林国家・日本の国内でまかなうようにとの節約術も実施していた。

開業当時の鉄道はマナーにうるさかった！

開国当時の日本で、最先端の乗り物といえば鉄道だ。

1872（明治5）年には早くも日本初の路線が開通するのだが、有名な「新橋〜横浜」間が本営業を開始する前、まずは「品川〜横浜」間で仮営業をしている。そのときすでに、鉄道利用のルールが記された「鉄道略則《りゃくそく》」も制定されていて、これを読むと当時の日本人気質や鉄道というものの〝立ち位置〟が何となく透けて見える。

まずは「切符」だ。今でこそ各鉄道会社が発行するICカードに押され気味だが、まだまだ鉄道を利用する際にはお世話になることが多い、現代人からすると何の変哲もない当たり前の存在となっている。

ところが明治初期は違う。前もって料金を払い、代わりに紙片を渡されて、これで乗車できますよ、といわれてもピンとこなかったのだ。だから「切符とは」という根本的な説明から、切符によって乗車できる仕組みなどを一から教える必要があった。同時に運賃の支払い方法も周知させる必要があった。だから料金体系の説明以前に、切符の説明がされていたのだ。

このころの鉄道利用のルールを見ていくと、マナーに関する取り決めが多いことにも気づく。これは開国して外国人と交流する機会が増えたため、「日本人は野蛮」と思われないための予防策、という側面もあった。外国人がエチケット違反だと感じることを、罰則を設けて封じ込めようとしたのだ。

例えば、昭和末期までは普通に電車やホームでタバコが吸えていたのだが、明治初期は現代と同じく喫煙に関する規制が厳しく設けられていた。また、駅や車内で千鳥足になったり寝入ったりする「酔っぱらい」にも現在と比べ物にならないほど厳しく、そうした行為が発覚すれば運賃を没収された上に、20円以内の罰金に加えて強制的に列車から降ろされた。現在だったら、罰金を取られて降ろされるサラリーマンの列ができてしまいそうだ。

また、最近では首都圏を中心に導入が進んでいる「女性専用車両」も、類似の規定が明治初期にはすでに現れている。「女性のために設けた車両や部屋」に男性が立ち入ることを禁止した項目があり、違反者は運賃没収の上で10円以内の罰金。この条項は、当時の日本人にとって当たり前の風習だったお風呂の「混浴」が、欧米から見ると「野蛮だ」と非難されていたことが背景にある。「女性の地位も尊重している近代国家ですよ」というアピールのために作られたものなのだ。

同じく外国人向けのアピール目的で取り締まられたのは、軽犯罪にあたる立ち小便などだ。これが明治初期の鉄道では問題視されたのだ。

どういうことかというと、開業当初の列車にはトイレがなく、尿意を催して我慢できなくなると、走行中の車窓から放尿する人があとを絶たなかったのだ。風に吹かれて小便のミストが撒き散らされるのだから、沿線住民からもクレームが続発。罰則規定があるにもかかわらず「出物腫れ物ところ嫌わず」で簡単に用を済ませてしまうのだが、これがけっこう高くついた。罰金額10円は、コメが2〜3石は買える値段だったのだ。これは消費量で換算すれば1年半〜2年分に相当する。

しかし、尿意をこらえきれずに、というだけが理由だったのではない。鉄道利用中のトイレの使用は、現在では考えられないほど危険な行動だったからだ。トイレは途中で停車する駅にある。しかし、駅に停車している時間はそう長くはない。いきおい、停車と同時にトイレへ猛ダッシュして、できるだけ早く済ませて出発前に戻ってこなければならないことになる。そこで発車した後の駆け込み乗車が頻繁に起きていた。これだけでも相当に危険なのに、あまりに溜め込んでいたら戻ることすら叶わない。置き去りにされてしまうのだ。

さらに1888（明治21）年には、政府関係者が用を足し、走り始めた汽車に飛び乗ろうとして失敗、転落死する事故が起きてしまった。すでに列車にトイレが必要だという機運が高まっていて、間もなくトイレ付き車両を導入しようという矢先の惨事で、いかに鉄道とトイレが危険な関係だったのかがわかる。

罰金といえば、キセル乗車は途方もない金額を請求された。キセルは無賃乗車のみならず、低いグレードの切符を買って上等な車両に乗り込んだ場合にも同じく適用されたが、罰金は最大25円。仮開業したばかりの鉄道運賃は3ランクにわけられていて、下から順に下等50銭、中等1円、上等1円50銭だったから、一番高い上等と比べれば約17倍、一番安い下等と比べたら何と50倍にもなる。

下等料金でも2週間分のコメ代に近く、現在でいえば東京から横浜まで電車で向かうと6000円近くかかるような高価な乗り物だったにせよ、罰金額の倍率が半端ではない。ちなみに現在、JR各社などはキセルの罰金として3倍程度に設定されていることが多いことと比較しても、マナーを徹底させるために、ここまで高額の罰金制度を盛り込んだ明治政府の本気度がわかる。

官営工場であったメリットとは？

「官営模範工場」と聞くと、何となく厳格でものものしい印象を受ける。

この言葉から受けるイメージは、実際と比べてもあまり差がないもので、それは「官営模範工場」に託された使命や期待度が大きく影響している。

明治政府は、まだまだ立ち遅れていた近代的な技術や知識の吸収に、積極的な「お雇い外国人」の活用を進めていたが、その中で、外国との貿易をさらに活性化させるために、主力輸出品だった生糸について、ますますの輸出振興と品質向上を、産業面での主な政策として掲げた。

最初は、外国人のほうから外国資本による製糸工場の建設をしてはどうか、との要望が寄せられた。技術などがすでに確立された外国の工場をそのまま運び入れるのは、手っ取り早い手段でもあるから、この要望は一見すると道理にかなっている。

しかし、全部が全部、外国の力に頼っていては、日本が自立した近代化を推し進めるという点で不安が残る。それればかりか当時、欧米列強による植民地化の脅威が現実的に意識されていたので、経済面でコントロールされる危険性を考えて、いくら財政難でも外国資本を導入することはしない、というのが、明治政府の基本方針でもあった。

そこで政府は、近代的な製糸工場を、国内資本で建設することこそ重要だと考える。それが日本の産業が発展していく土台となる。そんな思いもあっただろう。

しかし、金融制度の整備がまだだったことや経済の仕組みなどから、工場建設に十分な資本を民間から集めることは不可能に近かった。ただし民間資本の十分な成長を待っていては、近代化の土台作りが遅れてしまう。それは近代化そのものが遅れてしまうことになるから、とにかく工場は早く建設したい。

ジレンマに陥った政府は、財政的には危機的な状況が続いていたものの、国が資本を出して工場の建設だけは推進しよう、と決意したのだ。

1870(明治3)年2月、政府は「官営模範工場」の建設計画を決定する。「器械製糸技術」を国内に普及させることが最大の目的だが、そのために次のような指針も決められた。

(1)外国製の新式製糸器械を導入する
(2)外国人を指導者に招く
(3)全国から工女を募集し、伝習を終えたら出身地で器械製糸の指導者となるつまり、最新機械の取り扱いの知識も経験もある外国人を教師にして学び、学んだ知識や技術を広く全国に伝えていく。そんな学校の側面が色濃い工場を、日本が自前で、国の主導で作ることにしたのだ。

もともと国が大きく関与しているから、後世にわたる技術の大々的な継承を可能にしたことが最大のメリットだ。工女たちは、労働者であるとともに国費で養成された専門家。それも民間であれば年に数人から多くても十数人くらいしか養成できなかっただろうが、国が運営しているから何十人も何百人も、同時に大量に養成することを可能にした。だから技術の継承は短時間かつ広範な範囲で可能になり、加速度的に日本の製糸産業は発展することができたのだ。

そのことで貿易収支も改善されるし、国が豊かになっていく。新技術を導入できた地域も生産性が向上するから生活レベルが向上する。そして郷里に帰った工女は、今度は地元で富岡まで行けない人たち向けに、学校やそれに近い施設を開くことができる。事実、教育を受けた者の中には、自宅を学校として使用し、数人規模ながら技術や知識を伝えていく者が多かったし、そうやって小さい学校が林立するような地域も出てきた。「絹産業遺産群」に含まれる「高山社跡」周辺などは、その代表例だろう。例えば10人の卒業生を輩出したとして、それぞれが10人ずつ生徒を抱えれば、幾何級数的に近代的な技術や知識を体得した者が増えていく。

明治初期の製糸関連産業は、家族ぐるみで取り組むような規模の小さいものが主流だったのだが、このように知識と技術が広まっていくにつれて、より効率的な町工場のようなものへと成長し、それらが合併するなどしてさらに規模が大きい工場へとステップアップし、ますます生産性を上げていくことになるのだ。こうして日本版「産業革命」の基礎を築いたものこそ、「官営模範工場」だった。

そもそも、明治政府に「内務省」が設置されたのは、「殖産興業」の強力な推進を主目的としてのことだった。初代内務卿に就任する大久保利通が、「殖産興業」のための専用部局として設立したのだ。ところが直後から士族反乱が続発して、治安維持の部局という側面が前面に出てしまったので誤解を受ける面も多いが、本来は「殖産興業」に関わるさまざまな調整をすることを目的としていたため、強力な権限が持たされていたのだ。

産業の発展で、日本がモデルにした国は？

明治政府が、日本の目指すべき大きな目標として掲げたスローガンは「富国強兵」だが、その「富国」のうちもっとも重要だと位置づけられた政策が「殖産興業」だ。

「殖産興業」とは、「産業を殖《ふ》やす」「産業を興す」ことで、新たな産業を作り出したり、ひとつの産業が生み出す製品や価値を増やしたりすることを指す。

「富岡製糸場」の場合、具体的には産業としては新しいものではないが、新しい技術を取り入れることで別の顔を持つ近代的な産業へと進化させ、それによって製品の製造量や品質を上げていこう、というように考えられた。

いつの時代も、何かをはじめようとすれば資金や原料が必要だ。それらを得るために必要だったのが「殖産興業」で、達成されれば国が豊かになるから、「富国」という大きな目標が実現することになるのだ。

それでは、日本が「殖産興業」を推進するにあたって、明確にモデルとした国などはあったのだろうか？

開国のキッカケを作ったアメリカ、江戸時代からずっと交流を続けていたオランダ。薩摩藩との縁から維新後も日本のパートナーであり続けたイギリス、幕府を支援していたフランスも、開国日本の近代化を手伝っていた。アメリカと同時期に開国を求めてきたロシア、急速に国としての実力を蓄えていたプロイセン（ドイツ）など、日本が模範にしようという国は当時、ヨーロッパにたくさんあった。

これらの国々の何が優れているのか、日本が応用できることはないか。そういったことを、幕末からすでに探っていた日本。幕府は万延の遣米使節、文久の遣欧使節と立て続けに大規模な視察団を海外に送り出し、維新後も岩倉具視を代表にしたアメリカからヨーロッパ各国を巡る大がかりな使節団が旅立っていた。こうして各国の状況を観察した結果、日本として採るべき近代化の道のりが見えてきた。

結論から先に記すと、日本が目指したのはイギリス型の自由競争をベースにした富強政策を、ビスマルクが率いるドイツ帝国のように強力な中央集権体制で先導していこう、というものだった。いいと思ったポイントを詰め込んだ「いいとこ取り」の発想だ。

岩倉使節団が海外を歴訪していた時代は、ちょうど「ビスマルク時代」と後に呼ばれるヨーロッパ政治史の無風期だった。長いこと、どこかの国同士が戦争を繰り広げているのが当たり前だったヨーロッパが、戦争がない地域になっていた時期なのだ。それはヨーロッパ各国が話し合いによる外交決着を優先し、戦争で決着をつけないように努力していた時代である。そんな平和を謳歌するヨーロッパで、岩倉たちは自由気ままに視察を続けることができたのだ。もしもどこかで戦争が起きれば、海外使節を悠長にもてなす余裕もなければ、使節団そのものが滞在できなくなる可能性もあるのだから、このタイミングというのは重要なポイントだ。

戦争がないから何か教えを乞えば、日本が納得するまで教えてもらえたし、教師の派遣にも協力的だった。そこで「お雇い外国人」が大挙して来日するわけだが、日本にとってはまことにラッキーといえる状況だった。

そう考えると、外交の舞台で旗振り役を努めていたドイツ宰相ビスマルクは、日本近代化の陰の立役者といえなくもない。

話を戻すと、イギリスは日本と同じ小さな島国でありながら、早々に産業革命を達成して世界一といわれる工業国に成長した。国王がいる点も日本に天皇がいるのと似ており、いろいろと共通点がある。そのイギリスを模範にしようと考えたのは大久保利通だった。

さて、イギリスが採用していた富強政策とは、どういうものだったのだろうか。

イギリスは生産性の高い工業力と、そこから生み出される製品の輸出を柱とする貿易で財をなしていた。大久保はイギリス国内各地の工業地帯を視察して歩いたが、近代化に工業の力は不可欠だと痛感した。だからイギリスのように生産性が高い工業国にしなければならない、と考える。生産性を高めるには一定レベルの競争も必要だ。ライバルがいてこそより大きく成長できる。だから競争相手になる存在も作る必要がある。

しかし、イギリスの制度をそのまま日本に当てはめることは現実的ではなかった。イギリスはずっと諸外国との交流があり植民地も広大。すでに成長している国だから、これから成長しようという日本がそのままお手本とするには、あまりにも壁が高かった。

そこで登場するのがドイツだ。国内統一が遅れていたため工業化にも遅れていた国で、これから国際社会で飛躍しようという野心に燃えていたことも日本と近い立場にあった。イギリスが〝親〟ならドイツは〝兄姉〟みたいなもので、目標にしやすい。ドイツもまたイギリスを手本に発展していた国で、これも参考になる部分が大きい。しかもドイツの場合は国が強力なリーダーシップを発揮して、競争原理が働く以前の段階で、大きく国内産業を発展させることに成功していた。

ということで、国内経済発展の必要性から競争の余地は残しながらも、ドイツを参考にすることになった日本。政治の仕組みなどが中央集権体制と決められたのは、国に強い権限を持たせて、リーダーシップを発揮できるようにするためだった。

富岡製糸場と同時期に登場した官営工業施設

「官営工場」と聞くと「富岡！」というように、明治政府が独自にはじめた事業だと勘違いされることも多いが、江戸時代にも「藩営《はんえい》」という公共事業体は、全国いたるところにあり、幕末になると幕府が直轄する組織も次々と生まれていた。特に幕末期の幕府が運営していた組織は、明治政府が目指した「官営模範工場」と同じような性質を持ったものが少なくなかった。一例を挙げれば、長崎に作られた「海軍伝習所」などがそうだ。ここでは操艦技術や軍事理論などが教えられ、ゆくゆくは幕府海軍の中核を担う人材になってほしいという願いが込められた施設だった。

そして明治。日本が近代化のための「殖産興業」で育成に力を入れた産業は、「富岡製糸場」に代表される製糸業だけではない。

「長崎造船所」は、幕府直営機関を出発点とする「官営工場」だった。もともと製鉄を目的とした施設で、明治政府が幕府から譲り受けた当初も「長崎製鉄所」だった。１８７１

（明治4）年には、工部省が管轄する「長崎造船局」と名前が変わり、1884（明治17）年から岩崎弥太郎《やたろう》の三菱が経営を担当することになり「長崎造船所」となった。この3年後には三菱に払い下げられている。

同じく造船業では「兵庫造船所」がある。いち早く開港した神戸に「兵庫製鉄所」が設立されたのは1869（明治3）年だが、その設備は加賀藩が運営していた七尾造船所から譲り受けたもの。工部省が経営していた「兵庫製作所」と合併して「兵庫造船所」へと発展していった。1886（明治19）年に払い下げられて以降は川崎正蔵（現・川崎重工業創業者）が経営している。

工業化のために欠かせない燃料だった石炭でも、国がかかわっている。

「三池炭鉱」は、室町時代中期には石炭が発見されていたといわれる炭鉱。江戸時代中期に三池藩が本格的な採掘を開始していて、1997（平成9）年に閉山されるまでの長い歴史を誇ることと、その規模が巨大であることも合わせて現在、「産業遺産」としても注目されている日本有数の炭鉱だ。ここが「官営」とされたのは、「富岡製糸場」が建設された1873（明治5）年のこと。1889（明治22）年には三井組に払い下げられ、以降は「三井三池炭鉱」として存続していた。

「高島炭鉱」は江戸時代前期に石炭が発見されたといわれる炭鉱で、幕末期に採掘がはじめられた。共同で経営にあたったのは佐賀藩と「グラバー邸」で知られるトーマス・グラバー。明治になると維新で活躍した後藤象二郎が経営権を取得。しかし経営が思うようにいかず、岩崎弥太郎に引き継がれた。

採掘するといえば銀山にも「官営」があった。当時の日本は世界でも銀が採掘できる有数の国で、「黄金の国ジパング」ならぬ「純銀の国ジパング」だった。世界各国との貿易にも銀が大量に必要とされたため、銀山開発にも力が入れられたのだ。

　現在の秋田県にあった「院内《いんない》鉱山」は「東洋一」ともいわれるほど銀が大量に採掘できる鉱山で、銀だけではなく金も採掘できた。江戸時代から国内最大の銀山として知られ、江戸初期の外国の地図にも記載されていたほど。後年になっても年間採掘量日本一を何度も記録したほどの〝優等生〟だ。明治に入ってすぐ「官営」とされ、国家の財布を潤した後は「鉱山王」古河市兵衛《ふるかわいちべえ》が1884（明治17）年に経営権を取得している。

　同じく古河に払い下げられた「阿仁《あに》鉱山」は、銅山であり、日本から輸出される銅のほとんどをまかなえたほど規模が大きく、しかも金や銀まで採掘できた。こちらも鉱山界の〝優等生〟だった。「院内」と同じく明治に入ってすぐ「官営」とされて、「院内」の翌年に古河の手に渡った。

　ほかにも三菱が払い下げを受けた佐渡金山や、生野銀山も明治初期は「官営」として採掘事業が進められていた。

「富岡製糸場」で残念ながら国産品が使えなかったセメントにも、「官営模範工場」が存在していた。明治初年には、当て字で「摂綿篤《せめんと》」と表記されていたセメントは、製造技術の習得に時間がかかった産業のひとつだ。「深川セメント製造所」は、大蔵省から工部省に移管されたり責任者が交代するなど、さまざまな失敗や挫折を乗り越えて、国産セメント第1号を完成させた工場だった。後に「アサノセメント」として存続することになる。

変わったところでは「札幌麦酒《ばくしゅ》醸造所」も「官営」だった。文明開化とともにやってきた新規な味「ビール」も「官営」で製造されていた時代があるのだ。

また、製糸業のライバルともいえそうな紡績業。絹を作る製糸に対して、こちらは原料が綿。「富岡」のフランスと違って「愛知紡績所」なら綿紡績大国だったイギリス製の、「新町《しんまち》紡績所」ならスイス製やドイツ製の機械を導入して操業された。これらの工場も「富岡」同様、製品生産と同時に次代の教育者育成などにも取り組んでいた。

軍服などに洋装が取り入れられた明治時代は、政府は羊毛の生産にも着手していた。これを原料に服の生地を製造したのが「千住製絨所《せいじゅう》」で、軍服の生地を主に扱うという性質上、「官営」の役目を終えた後に経営権を引き継いだのは、何と陸軍だった。

老舗の看板だけでは太刀打ちできない、熾烈なサバイバル競争

政府が競争原理も取り入れた「殖産興業」政策を掲げたため、明治時代は「一旗揚げよう」という野心家たちが、こぞって金融業や各種産業に名乗りを上げた時期でもあった。現代風にいえば、ベンチャー起業家が続々と誕生していたのが、明治時代だったのだ。

とはいえ、起業すれば誰でも成功できるほど甘くはない。チャンスは無限に転がっているが、それを手にできる者は一握りだったのだ。

一方で、老舗の看板を掲げる古参の企業家たちは、その名声でいつまでも経営が続けられたのかというと、それもなかった。新興の起業家が老舗を食う「ジャイアント・キリング」も珍しいことではなく、老舗同士の潰し合いやベンチャー企業同士の熾烈なシェア争いもあり、まさしくサバイバル合戦のような状態だった。

こうして競争で淘汰された企業は、自然と体力が身につく。その点で、政府が特に主導したわけではなかったが、政府が目指す理想のゴールは実現できていたといえる。

最終的に「国有鉄道」として統合された鉄道業界も、各地域で鉄道の将来性を評価したベンチャー起業家たちが、続々と路線を敷設していったことがそもそものスタート地点だった。鉄道は当時も今も莫大な資本金を必要とする巨大産業だから、失敗すれば一族郎党死を覚悟しなければならないが、成功すれば莫大な資産が手に入る。もともと必要な資金が巨額だから、手を出すにも勇気が必要だ。そこで鉄道業界は、最初から株式会社のような組織を作って参入、という仕組みが自然と取り入れられていた。今に残る私鉄企業も一部は、明治のベンチャー企業が出発点となっている。

では、どのくらい競争が熾烈だったのか。明治時代の「長者番付」を見ると、少しは実感できるだろう。

まず、江戸時代から続く「老舗」といわれた「江戸期長者」は、1849（嘉永2）年には231家あったが、1864（文久4）年には早くも半減。1888（明治21）年には34家しか生き残っておらず、1902（明治35）には1割以下の20家に。一方で「維新期新長者」とされるものは1875（明治8）年に129家あったが、1888年に早くも20家に減少し、1902年には6家しか残っていなかった。多くの企業が創設された1888年に生まれた「新長者」210家も、1902年には35家になっていたので、とにかく生き残るのが難しいビジネスシーンだったことは間違いないだろう。

「国立銀行」は国立じゃない？

「国立銀行」という名前からして、「官営工場」のように国が経営していた銀行ではないか……。そう勘違いする人が多いように思う。しかし「国立銀行」はれっきとした民間銀行だ。

もちろん、「殖産興業」を掲げる政府を資金面で支援するという役目を負っていたから、完全に政府と切り離された金融機関ではなかった。政府が必要とする資金を調達するのに、命令のような形で銀行に資金を提供させていたことも珍しくはない。しかし、かなり早い時期に民間銀行が続々と設立された意味は大きかった。

明治時代に入ってすぐ、システムの土台などが作られた代表的な分野が「金融業界」。資本主義制度をできるだけ早く日本に根づかせ、「富国強兵」をより早く達成するための基礎になってもらう、という政府の思いと、近代化にとって大事なことは何かという本質的な問題を深く考えることができた人材が組み合わせられた結果、憲法や議会などの政治的な制度に先駆けて整備されていった。

その代表的な人物は渋沢栄一である。数多くの会社を立ち上げ、あるいは育成した彼はもとからビジネスマン志望で、幕末の時点ですでに「日本にも株式会社を取り入れたい」と考える先進的思想の持ち主だった。その渋沢が、一時的とはいえ助っ人のような立場で政府の人間になっていたとき、かかわった法律が「国立銀行条例」だった。

1873(明治6)年に起きた「明治6年の政変」で、政治の世界から離れることを決意した渋沢は、誕生間もない「第一国立銀行」の初代頭取に就任する。彼は死ぬまでこの座を譲らず、まさしく人生を賭けて「第一」の成長と金融業界の発展に尽くしたといえる。

なぜ「国立」なのか。これは英訳でどの日本語を当てはめるかという問題にすぎない。「ナショナル・バンク」が語源だが、この「ナショナル」をどう訳せばいいか。現代であれば「国民銀行」あたりが妥当と思われるが、当時はこれを「国立銀行」と訳したのだ。「国民のために」設立された銀行が「ナショナル・バンク」。「国民の生活レベル向上のため=殖産興業に貢献するため」というのが明治日本における本来の趣旨だ。

余談だが「第一国立銀行」とは「国立銀行」として「一番最初の銀行」という意味である。統合などが進んで現在は「みずほ銀行」となっている。

富岡製糸場に大きなガラス窓がたくさんある理由

「富岡製糸場」を見学すると、目立って視界に飛び込むのが、たくさん設置された大きなガラス窓。なぜこんなにたくさん、しかも大きいガラス窓が必要だったのだろうか？

理由は単純だ。これは太陽光をより多く工場内に取り込むために設置されているのだ。当時はまだ電気がないので電灯が存在しない。炎の明かりでは電気に比べて暗い上に取り扱いが面倒で、かつ火事を起こす危険もある。

となると、頼りになる光源は太陽に限られてくる。そのため電気が利用できるようになる前の操業時間は、季節によって違っていたのだ。日が早く落ちてしまう冬場は、遅くまで作業はできないから早々に切り上げ、日照時間が長い夏場は、その分だけ操業時間を伸ばす。まさしく「エコロジカル」な操業形態だったのだ。

また、注意深く観察すると、ガラス窓の設置されている位置が、普通より、けっこう高いところにもあることにも気づくだろう。

これも理由を聞けば納得できる。床とガラス窓との角度をつけることで、より工場の奥深くまで太陽光が差し込んでくるようにと考えられた結果なのだ。

低い位置にガラス窓があっても、おそらく足元を照らしてくれるぐらい。胸あたりの高さでも、やっと壁に近い場所で作業ができるレベルだろう。

ところが、高い位置にもガラス窓を設置すれば、普通の建物なら太陽光の恵みを受けられないような奥深い場所まで太陽光で照らすことができる。つまり、工場内全体を明るく照らすことができるのだ。

こうするのは理由がある。せっかく建てた広い工場内を無駄なく使うためだ。普通の高さのガラス窓だけなら、壁に近い場所しか作業スペースにできないが、高さを変えて大量のガラス窓を設置すれば、驚くほど作業スペースを拡大できる。

その結果、当時としては前代未聞の300人が同時に作業できるという驚きの巨大工場が実現したのだ。現存する建物内を、太陽が照りつける天候と時間帯を選んで見学してみると、その明るさが実感できる。何の照明設備がなくても、手元がクッキリ確認できるほどで、壁からもっとも離れた場所に立つと、その効果は歴然としている。

日本初のトンネル掘削で活かされた、日本の伝統技術

近代化を進める明治日本が、何から何まで外国の技術や知識に頼りきっていたわけではない……。ここではそんな話も紹介してみよう。

世界的にも「新技術」として扱われていた鉄道を日本に導入するとき、日本が頼ったのは「鉄道先進国」イギリス。数多くのイギリス人を雇い、技術指導などを依頼した。彼らは当然のように与えられた職務をこなし、日本に鉄道をもたらした。

ところで関東では「新橋〜横浜」間が着工され、ここが日本ではじめて営業運転された鉄道路線になるのだが、ほぼ同時に開通する予定で関西では「大阪〜神戸」間の工事も進んでいた。このどちらも〝先生〟として働いてくれたのはイギリス人だ。

ところが関西の鉄道開通は大幅に遅れた。それには理由があり、関東では必要なかったトンネルが必要だったためだ。しかも3か所もあったから工事の難しさはアップする。さらに厄介なことに、これらの川が「天井川《てんじょうがわ》」といって、川底が周辺地面より高い位置にあ

る川だったのだ。

「天井川」は一見すると、地面の高さでそのまま川の下を掘り進めばいいと思えるが、当時のトンネル技術ではこれが難しく、〝先生〟のイギリス人も頭を悩ませた。

そこで考えられたのが、一時的に川を堰き止めて分断、トンネルとして使う部分をくり抜いた後で埋め戻すという開削《かいさく》工法。しかし川を人工的に堰き止めてしまうから鉄砲水などの災害が起きる危険もあった。そこで川を完全に堰き止めないように仮の水路を作ることになったのだが、ここで役立ったのが、隣り合う木板同士をすき間なく並べ立てる、日本の矢板《やいた》技術だったのだ。

これは弥生時代の用水路建設でも使われていた日本伝統の技術で、江戸時代にも上水の水路として使われ、水漏れしない技術力は実証されていた。

ちなみに日本の木工技術は、矢板のみならず当時のヨーロッパ人を驚かせるほどの高いレベルで、イギリスから来た「お雇い外国人」に大工などの木工技術者がいなかったことからも、高い評価を受けていたことがわかる。

こうして完成されたトンネルが、初代の「逢坂山《おうさかやま》トンネル」だ。

電報が不達のときは馬で届けた！

明治に入ってさっそく実用化された最新の通信技術が「電信」。当時はモールス信号などの記号化された情報しか送れなかったが、それでも瞬時にはるか遠くまで情報を伝達できたのだから、当時の人々が「魔法」だと考えても不思議はなかった。するとこの「電信」を「悪魔の所業」だと憎むような人も出てくる。そうした人々は、何とかして「電信」を使用不能に追い込もうとするのだが、手っ取り早いのは電信線を切断してしまうことだ。

せっかく電信線網を整備しているのに、断ち切られたらかなわない。そこで登場するのが、電信線を警護する専門の番人たちだった。その出で立ちが奇妙で、理由はわからないが赤い陣笠をかぶり、懐古趣味なのか羽織袴に陣羽織。犯人を追跡するために馬に騎乗しているのは理解できるとしても、なんとも古めかしい格好で警備していたのだ。

それでも、電信線網すべてを24時間、監視し続けることはほぼ不可能である。そこで東京や横浜といった電信を扱う詰め所に必ず配置されたのが馬だった。

万が一、電信線が切断されたりしたら、元の情報をそのまま馬で先方に届けてしまえ、ということだ。

せっかく最新の「電信」を使ってみたのに、伝えてきたのが馬だったら、新しもの好きが依頼者だとしたらずっこけてしまっただろう。

実際に〝電信馬〟の出番がどれほどあったのかはわからないが、そうした備えを必要とするほど、新技術に疑念を持つ人の数は多かったということだろう。

余談だが、政府が「電信網」の整備を急いだ理由として、幕末期の外国人外交官たちの評価があったのではないかと思われる。

というのも開国間もない日本に駐在した外交官たちは、日本にいるときの通信の困難さを常日ごろから愚痴っていたのだ。

数多くの外交交渉が必要だった当時、本国との緊密な連絡は外交官にとって日常的な業務。それなのに、江戸と長崎の片道にかかる通信所要時間は2～3週間にも及んでいたのだ。一方で、海底ケーブルも実用化されて電信線が引かれているイギリスなどは、上海と長崎の間を瞬時に情報交換できたのだから、イライラしたのも当然だろう。

「暴走族」の元祖は自転車!?

明治時代の中ごろでも、平均的な庶民の年収程度の高価な乗り物だったのが自転車。だから当然、自転車は「ステータス・シンボル」でもあり、上流階級の大人が好む〝おもちゃ〟のような存在だった。

当時の自転車は、現在よく見るものと形がまったく異なる。日本では「ダルマ自転車」と呼ばれたその外見は、前輪が大きく後輪が小さい、というもの。一番最初に日本へやって来た自転車はアメリカ製といわれ、それはサドルにスプリングがなく、地面のデコボコをダイレクトにお尻へと伝えてくる、はなはだ乗り心地のよくないものだった。

しかし、お金持ちが見せびらかすように街中をこぎ回っているうちに、新しいモノ好きな人や、歩くよりはるかに早い手軽な乗り物の利便性に気づいた商人などが、我も我もと自転車を求めるようになっていく。１８９０（明治23）年前後になると、現在と同じく前輪と後輪が同じ大きさという「セーフティ型」が登場し、少し後になるとイギリスでゴムタイヤが実用化されたこともあって、乗り心地や使い勝手が飛躍的に向上していった。もちろん「セーフティ型」は国産品が多く出回っていた。

さて、新しいもの好きは、何も明治後期にだけいたわけではない。早くも明治10年代には、「迷惑車」と呼ばれた、現代の暴走族のような存在があったというのだから驚く。

もちろん、乗り回しているのは自転車だが、ゴムタイヤでもなくサスペンションもない自転車で、そんなに恐怖を感じるほどのスピードが出せていたのだろうか。

結論から書くと、スピードは大したものではなかった。歩くより早いのは確かだが、轢かれて即死、というようなレベルになかったことは、いうまでもない。

ではなぜ、「迷惑」だといわれたのか。

当時はまだ、街灯が普及していない時代。日が暮れると、あたりはたちまち闇夜に包まれた。そんなところへ、徒歩とは比べ物にならないスピードで得体の知れない物体が突然、目の前に飛び出してきたらどうだろう。おまけに現在のようにヘッドライトなどもないのだから、それは度肝を抜かれるに決まっている

こうして当時の自転車、特に夜間走行している自転車は、「迷惑車」という不名誉なレッテルを貼られることになったのだ。

明治期のカレーに入っている驚きの具材

日本人ならほとんど全員といってもいいほど、好きなメニューに挙げるのがカレー。インド発祥のエスニック料理を、日本人が独自にアレンジ、進化させて今にいたるという歴史は、誰もが知るところだろう。

そんなカレーが日本にはじめて紹介されたのは明治時代。しかも明治になって間もないころには、すでにお目見えしていたから、日本に流入した外国料理の中では大先輩といってもおかしくはない。

明治初年の創業で西洋割烹の元祖とされているのが、東京・神田で関東大震災まで営業していた「三河屋」というお店。ここのメニューにも、1877（明治10）年ごろには「ライスカレー」の文字が記載されていて、どのくらい浸透していたのかは別としても、すでに日本人には知られたメニューだったことがわかる。

日本で最初に公表された「カレー」のレシピは、現代人ばかりか明治人も「ギョッ」と驚くような素材を使うものだった。現代からすると〝ゲテモノ〟の部類に入ること間違いなしというそのレシピの中身を見てみよう。

1872（明治5）年に発刊された『西洋料理指南』。タイトルからして正統派の王道レシピを記載しているのかと思いきや、さにあらず。

ネギ、ショウガ、ニンニク、バターなどの、現代からしても普通と思える材料に続いて記されているのが、どんどん奇妙なものになっていくのだ。まずはエビ、タイ、カキ。豪勢なシーフードカレーが連想される。これに加えるのが鶏。チキン入りシーフードとはますますゴージャス。そしてアカガエル!? これはまだ許容範囲内だろうか……。

続いて紹介するのは仮名垣魯文《かながきろぶん》の『西洋料理通《つう》』。『西洋料理指南』と同じ年の出版だ。こちらでは牛肉、鶏肉、ネギ、リンゴ、小麦粉……ときて、なぜかユズを投入する。臭み消しなのだろうか？

おもしろいのは、どちらにも原材料として「カレー粉」との記載があること。調合の中身などは不明だが、当時すでにこんな便利なものが存在していたことのほうに驚かされる。

それから気づかないだろうか？ どちらのレシピも、現在と野菜の構成が大きく異なることに。両者ともに主役はネギ。もしかするとカレーの香りになじんでいないゆえの臭み消しの意味もあったのかもしれない。ところが、現在はネギよりタマネギが主流になっている。ニンジンやジャガイモも仲間に加わっている。明治初期のカレーは、どちらかというと肉料理の範疇に入るようなメニューだったのだ。

しかし、カレーは登場当初、上流階級しか食せないようなメニューだった。高級な西洋料理店に入れるような人しか、口にできなかった。

それでも、小さいうちから西洋料理に舌を慣れさせる意味もあってか、陸軍幼年学校の給食には早々に登場し、日露戦争の時代になると「カレーうどん」「カレー味噌汁」などというアレンジ料理が考案されていたり、明治末期には「カレーそば」など、現在でも人気のアレンジメニューが普通に食堂で食べられていたなど、あっという間に日本人の舌を虜にしていくのだった。

第4章

「富岡製糸場」の時代②

――世界に勝つ、明治の日本人

産業の発展は「天皇の敵」が支えていた⁉

明治政府や明治時代というと、薩長をはじめとする維新の原動力となった「雄藩」出身者ばかりが、華々しく活躍したようなイメージを抱く人は少なくないだろう。特に政府の重鎮や経済界の大物など、中心人物として活躍した存在であれば、こうした「官軍」側の人間が大多数だった、と思う人もいるかもしれない。

ところが、いわゆる「旧幕臣」など、「負け組」出身者たちも、日本近代化に大きな力を発揮していたのだ。特に産業界でその傾向はハッキリとしている。

なぜかというと、幕府も倒される直前まで近代化政策を推し進めていたからだ。教科書などでは習わないかもしれないが、老中の顔ぶれが代わるなどするたびに、新たな改革が試みられ、それは明治に改元される直前の慶応期まで続けられていた。

中心的なテーマは行政改革や政治制度改革で、簡単に記せば幕府という機能を活かしながら、新時代に見合った仕組みを作るということだったが、同時に海外の技術や知識を吸収したり、それを利用して工業化を進めるなどの政策も採られていた。

別項でも紹介するように、「横須賀造船所」のような「幕営」の工場や教育機関も造り上げていたし、それらの中には、明治政府が接収したり移譲されたりして、手間をかけずに活用してしまったようなものもある。

海外で学んだ頭脳明晰な幕臣も多く、例えば箱館戦争で幕府軍の最後の意地を見せた榎本武揚は、降伏後に生命を赦され、後には新政府の役人や政治家として第二の人生を歩んでいる。少し前に敵同士だったとしても、優秀な才能をそのまま殺すのは、あまりにももったいない。ということで、戊辰戦争を生き残った幕臣たちの中で目ぼしい者がいれば、新政府は積極的に声をかけ、登用していったのだ。

もちろん、かつての敵に降伏するようなマネをよしとしない人物もいた。「痩我慢の説」で新政府に出仕することを恥だと説いたのは福沢諭吉だった。

ところで、戊辰戦争のころ、幕府や幕府に味方する勢力は「天皇の敵」すなわち「朝敵」という扱いを受けていた。この「朝敵」が、天皇が治める明治の世に、国造りのための手助けをしていたというのだから感動せずにはいられない。

その拠点となったのは、明治になってすぐ静岡県に建てられた「工部大学校」だ。直後には「沼津兵学校」も創設された。これは幕府が運営していた各種教育機関を整理統合したような学校で、教育の場を求めていた幕臣の師弟はもちろん、生徒を身分に関係なく全国から集めていたことにも特徴がある。

「朝敵」が創った学校に好んで通おうとする子供なんていたのだろうか。そんな学校に子供を通わせる親がどれくらいいたのだろうか。

そんな心配は必要なかった。これらの学校には、全国各地から入学したいという希望者が殺到したのだ。入学できなかった者の中には、日露戦争の旅順攻略戦で有名な、乃木希典《のぎまれすけ》もいた。

なぜ、高倍率の人気校になったのか。それは教授陣の顔ぶれにあった。旧幕臣だらけの教授陣だったが、幕末期からすでに全国区の知名度を誇っていた知識人が、一堂に会していたのだ。

例えば「沼津兵学校」には、校長のような存在として西周《にしあまね》を迎えた。彼は幕府が運営していた東京大学の前身のひとつ「開成所」の教授だった人物だ。また幕府直営の武術学校「講武館」で教えていた当代一流の剣法家たちもそのまま武術指導。英語でも数学でも教授陣は海外で学んだ経験を持つバリバリのエリートたちばかり。幕府の海外文化研究機関ともいえた「蘭学取調所」などに所属していた人物が、数多く教授として呼ばれたのだ。

そんな教授たちに師事できるとあれば、「朝敵」も何も関係ない。しかも「沼津兵学校」は教授の貸し出しまでしていた。こうなるともはや、「富岡製糸場」や「高山社跡」に見られる指導者の全国派遣構想と同じだ。

これらの学校が存続した期間はとても短く、廃藩置県などの影響でわずか数年で閉鎖されてしまったが、卒業生や在籍していた者たちは、それぞれの専門分野で明治の日本をリードする存在になっていくのだ。

特に数学は、これらの学校の出身者が優秀で、学閥のようなものが感じられるほどの影響力を誇った。何より「数学の沼津」という言葉が生まれたことに、それは現れている。

ところでなぜ、静岡県だったのか。版籍奉還や廃藩置県などで、幕府＝徳川家は、駿河70万石の大名という身分に〝転落〟していたからだ。将軍のお膝元で、幕府崩壊によって途絶えてしまった近代化のための改革事業を再開させる。そういう側面もあったのだ。しかも、「これからは武力ではなく知力の時代」という思いもあり、県は教育に情熱を傾けたのだった。おまけに全国に散らばっていた旧幕臣が、生きる道を失うと静岡に出戻ったりしていたから、殖産興業ではないが元サムライたちに新たな職を与える必要もあった。そうした「士族授産」の賜物として現在も残っているものに、茶と牛乳がある。茶は江戸時代から静岡の特産だったが、旧武士が新たに開墾した土地も多い。これは静岡の話ではないが、牛乳は士族が畜産を手がけたり宅配事業を試みたりして、日本に広く浸透させたものだ。江戸時代までの日本人は、牛乳など飲んではいなかったのだ。

明治後期の日本人の暮らしぶりは、どんな感じだった？

明治時代後期、「文明開化」によって着実に近代化は進んでいたものの、現代と比べるとその生活の中身は大きく異なっていた。

例えば現在、家計簿などでも「水道光熱費」と総称される、上下水道、ガス、電気。生活の基盤を支える存在として、どれも欠かせないものだが、これらのうち20世紀に入って間もない１９０５（明治38）年に、すでに家庭で普及していたものは、いったい何があるだろうか？

驚くことに、一般的に普及していたものは、この中には入っていないのだ。このうち、もっとも普及が遅れたといえるのは下水道で、昭和の高度成長期、つまり１９５０～１９６０年代になって急速に整備されてきたものだ。よく田舎のトイレの定番として語られる〝ボットン便所〟、つまり「汲み取り式便所」は、下水道整備がされていないからこその形式だった。

情報ツールとして定番となっている新聞や雑誌も、現在ではペーパーレスの電子版で、いつでもどこでも「かさばる」という不具合を感じることなく読むことができるようになっているが、当時はまだマスコミ業界も黎明期で、数多くの新聞社がベンチャー企業として立ち上がりはしていたが、内容は玉石混交。ゴシップ記事ばかりを扱うような新聞もあれば、紙面のサイズもマチマチだった。現在のような雑誌となると、当時はまだ出回っていない。

自転車に続いて自動車も発明されてはいたが、庶民の手に届くようになるのは、これもまた昭和の高度成長期以後で、道路は舗装されていないのが当然。全国に鉄道網が広がっていった一方、自動車がまだ発明間もないからバスは走っていなかった。

そんな明治時代の食生活はどのようなものだったのだろうか。

パンや獣肉という「文明開化」を象徴するような西洋風のメニューが全国的に普及しだすのは明治後期になってからで、これは鉄道などの交通網が整備されたり、日清《にっしん》・日露《にちろ》戦争で徴兵された兵士たちが大々的な移動をしたことも影響があった。

また、明治末年になると食品業界で新技術の導入などによる変革が相次ぎ、日清戦争で利便性が高く評価された缶詰などは、戦後になって大いに増産されていた。製糖業の進化・発展によって砂糖も以前よりは身近になり、そのことが製菓業界を活気づけた。明治初年に輸入されていたビールも、官営工場で醸造されるなどの地道な努力が実り、明治末年には日本人が好む味へと改良されていた。

ただし、それでも都市部と農村部とでは、かなり食生活の中身が違っていた。すでに日本人の発明による「とんかつ」や「あんパン」が登場し、日本人好みにアレンジされ続けていた「カレー」も庶民の口に入るようになっていたが、農村などではまだ、「一汁一菜」と呼ばれる昔ながらの食習慣が続いていた。

現在ではご飯があったらいくつかのおかずがついて、おまけに味噌汁、というメニューは普通に見られるが、当時はおかずというと一品だけ、ということが多く、それが漬物だけだったりもしたのだから、現代と比べたらいかにも寂しい。

都市部では麦を混ぜ込んだ「麦飯」を食べることはほとんどなくなっていた明治末期に、農村部ではまだコメと麦が半分ずつぐらいの「麦飯」のほうが一般的。添えられるおかずも、朝と晩に味噌汁、昼と夜に煮豆、朝昼晩を通じて出されたのがタクアンという具合で、「一汁一菜」の域を出ていない。農村では食べる魚はほぼ自給、買うにしても干魚がほとんどで、鮮魚を売り歩く魚売りから購入するスタイルが浸透していた都市部とは大違い。

物売りというと江戸時代から、江戸の街ではさまざまな物売りが練り歩き、買い物に出かけなくてもいろいろな日用品や惣菜などが買えるシステムが整っていたから、江戸改め東京になった後も、物売りから購入するというショッピングシステムは受け継がれていた。

東京では都市近郊、例えば現在はビルが立ち並ぶ麹町周辺に一大酪農地があるなど、政府の後押しもあって獣肉や牛乳などの生産が盛んだったから、そういう新奇な味に庶民が触れるようになるのも時間がかからなかった。一方で農村部は、近くに酪農家などがいない限りは、ほとんどこうした新しい味に触れる機会がなかった。それは仕方ないことで、冷蔵技術も生鮮品の保存技術もなく、運搬には現在以上に時間がかかるような状態だから、特に生鮮品は都市部など一部地域を除けば、生産地付近でしか手に入りにくい貴重なものだったのだ。

だから子供が学校に持参する弁当の中身も、まったく違っていた。

都市部でごく一部とはいえ、弁当としてサンドウィッチやココアを持ってくるような生徒が出はじめたころ、農村部の子どもで白米のご飯を持ってくるのは地主などの富裕層の子に限られ、弁当はサツマイモだけという児童も珍しくはなかった。

弁当といえば、明治末期に急増していた「サラリーマン」。現代の〝愛妻弁当〟を持参する人と同じく、当時も弁当を持参する人はいた。その中身として、サンドウィッチやローストビーフなどのようなものから、安価メニューとして切りイカやハンペンの照り焼きなどといったものが、女性向け雑誌『家庭雑誌』に紹介されている。

マッチが「キリシタンの魔法」？

開国とともに、海外の新しい技術や知識がもたらされた「文明開化」は、日本人に驚きを与える連続だったといってもいい。

幕末にはすでに、「マッチ」という新しい利器が日本にもたらされ、一部の日本人を大いに驚かせていた。江戸時代まで、庶民の着火用具は「火打ち石」が多く、これがまた手間がかかるシロモノだったから、一瞬にして着火できるマッチは、「キリシタンの魔法だ！」などといい出す人もいたほどインパクトが強かった。電信線といいマッチといい、明治の日本人は摩訶不思議に思える新技術はみな、禁制が解かれたばかりの新しい外来宗教「キリシタン」の仕業ということで自分を納得させ、理解できない現象は「魔法」ということで説明していたわけだ。

蛇足ながら時代劇などでよく、火打ち石でササッと点火できてしまうシーンを見るが、実態はもっと大変。平均すれば着火まで1時間ほどを費やしたという。時間短縮のために火鉢などに火種を置いたままにしておくのが一般的だった。

そんな生活から比べたら、マッチはまさしく革新的な存在。それでも1876（明治9）年に国産マッチが登場するまでは高価な舶来品で、庶民の手には届かないものだった。国産化された後でもまだ、かけそば1杯1銭に対してマッチ1ダースの価格は、国産で3銭6厘、国産より品質がよい輸入品で7銭1厘もした高嶺の花だった。だから庶民に浸透するまでの間は、マッチの火をお化けのヒトダマだと勘違いして、気絶するような人もいたほどだった。

ところが政府のマッチ製造推奨運動などもあり、日本はしだいにマッチ製造大国になっていく。そして明治の終わりには、日本はマッチの輸出大国にまで成長したのだった。

マッチの普及と、ときを同じくして広まっていったのは、現在よく見る形のタバコである「紙巻き」タバコ、それに家庭用ガスコンロだった。どちらもマッチとは切っても切れない関係で、ライターなどなかった時代、タバコに火をつける場合はマッチを、ガスコンロも電池などによる電子着火式が登場するまでは、ガス栓を開いた後にマッチの火で着火していた。

マッチと同等か、それ以上の衝撃を明治の日本人に与えたのは、電灯だ。

1882（明治15）年に東京・銀座ではじめて、電灯（アーク燈）が点火された。これは「西洋ロウソク5000本分の明るさ」「燭台《しょくだい》の灯り2000個分」などと喧伝され、点火の瞬間をひと目見ようと、黒山の人だかりができたほどのイベントだった。

ところが、いざ点灯すると、待ちに待っていた電灯の明るさを堪能する前に卒倒してしまう人が続出した。それほどまでに、見たことがない明るさだったのだ。自宅にロウソクがあったら、試しに暗がりの中で着火してみるとわかるが、江戸時代までの日本人は、夜の暗闇を照らすのにロウソクの明るさ程度の、つまり手元が何とか見えるくらいの明るさしか見たことがなかった。それがすでに登場していたガス灯をはるかにしのぐ、昼間の太陽のような眩しさで周囲を照らすのだから、夜が一気に昼になったようなもので、驚くのも無理はない。

これより前、1872（明治5）年には、日本初の「ガス灯」も横浜にお目見えしていたのだが、こちらの明るさは15ワット程度。夜が昼になる、とまではいかない明るさだったが、それでも眼にした人々を驚かせていたほどなのだ。

しかも、電灯が庶民の生活に普及しはじめるのは明治30年代。それまでは一部の人以外は、電灯の明るさを伝聞でしか知ることができなかった。

さて、庶民生活に電灯が普及しはじめると、慌てふためいた人たちがいた。それは家庭を守る主婦である。電灯を導入した家々で、大急ぎで掃除に励む主婦の姿が見られたのだ。

もうおわかりだと思うが、薄暗がりでは目立たなかった部屋の隅っこや壁面など、今までわからなかった部屋の汚れが、急に目立つようになってしまったのだった。

それでも明治時代の電灯は高価で、設備を導入するだけでも値が張るため、隣同士でお金を出し合って2軒でひとつの電線を架設するなど、新しいモノ・便利なモノに手を出したいけど自力では手が出せない人たちは、知恵とお金を出し合って文明の利器の恩恵にあずかっていたのである。

また、電灯はロウソクに代わる新技術という認識だったため、電気というものを理解していない庶民の中には、「電灯は風に吹かれると消える」と誤解する者もあった。だから家に電線を引いても、電灯を使うときは障子を閉め切る、などの家庭も見受けられた。ちなみに電灯が登場した当初は、わざわざ「風に強いです！」というアピールのため、障子を開け放った部屋で電灯をつける、という公開実験がされたこともある。

大学生はバイリンガルが当たり前？

明治中期の大学生は、驚くほどに優秀な学生だらけで、超がつくようなエリート集団だった。彼らに求められたのは「バイリンガル」であること。外国語を普通に読み書きできる能力が必要だった。

というのも、最先端の技術や知識を学ぶ必要があるため、教科書はどうしても海外書籍に頼らざるを得なくなり、翻訳されたテキストなどないに等しいから、原書で読むしか方法がなかったからだ。だからバイリンガルが最低限必要で、学部によってはトリリンガルも必須だった。

医学部ならドイツ語、法学・理学・文学部は英語とフランス語が読み書きできなければならず、それができないと授業についていけなかった。東京医学校で教鞭をとったことがあるベルツは、

「講義はドイツ語でしますが、学生自身はよくドイツ語がわかるので、通訳は実際のところ単に助手の役目をするだけです」

と書き残していたほどで、当時の学生の語学能力の高さがわかる。

もともと明治時代の高等教育機関は、国の将来を背負って立つ人材を育成する場所として設置されているから、要求される学力レベルが半端ではなく高かったのだ。

大学入学へのステップとして存在していた高等中学校は、現在の高等学校に近い。しかし、この高等中学校の時点でハイレベルだった。というのも、現在の中学校に相当するのは尋常中学校だが、ここを平均以上程度の成績で卒業するぐらいの学力では、高等中学校には進学できなかったのだ。

平均的な尋常中学校卒業者と、高等中学校に入学できるだけの学力を備えた同年齢の生徒を比較すると、教育年度で3年ぐらいの開きがあったといわれていた。簡単にたとえれば、尋常中学校を平均点で卒業した普通の生徒を、現在の平均的な高等学校に進学できる生徒だとすると、高等中学校に進学する生徒は、その時点ですでに現在の高校卒業生ぐらいの学力の持ち主だった。つまり、中学を卒業してすぐに大学入試に挑めるような学力の持ち主、しかも東京大学などの難関大学に入れてしまうような人たちが集まる場所こそ、大学だったのだ。

当時は現在と違って、経済的な理由で進学したくてもできない、という生徒が現在よりはるかに多かったが、それを差し引いても大学制度ができた当初、定員を満たすほどの学生が集まらなかったのは、このハイレベルぶりが大きな関門となっていたからだ。1886（明治19）年に「帝国大学募集定員」が定められているが、5年後になっても4分の1近い欠員があったほどなのだ。当時は定員割れしても、敷居を下げてまで満員にすることはなかった。それだけレベルの維持に力が注がれていたのだ。

だから当時から、現在の予備校のようなものもあって、受験競争もあった。

それでも明治後期になると、相変わらずのエリート集団ではあったが、世間から「堕落書生」と呼ばれる〝ダメ学生〟も増えていく。

「書生」とは地方から上京して下宿などで勉学に励む学生のことだが、彼らの中には仕送りを使い込んだり、浴びるほど酒を飲み続ける毎日を過ごしたり、遊び歩いて勉学に身が入っていないようなものも現れた。こうした学生を指して「堕落書生」と呼んだのだ。仕送りを使い込む学生が多かったことを物語る当時の新商売として、仕送りを管理する会社が設立されたりしていた。

余談だが、明治末期の日本には大学が5つしかなかった。現在の慶応義塾大学や早稲田大学をはじめ、当時の私立高等教育機関は、名称はどうあれ、法律上はすべて「専門学校」という扱いだった。「大学」を名乗れるのは国が定めた教育制度に則った、「大学区」ごとにひとつだけ国が設置した学校のみ、だったのだ。

この「大学区」が全国に7つあり、明治時代の学校制度では、最大でも全国7つの大学しか設置できないことになっていた。だから「大学入学」というのは、もともと現在と比べ物にならないほど高いハードルがあったのだ。

明治期に設置された大学は、「帝国大学」と呼ばれた。設置順に「東京」「京都」「東北」「九州」「北海道」だ。大正期には当時、日本の領土だった韓国ソウルに「京城《けいじょう》」（現在は消滅）、昭和に入って同じく台湾の台北に「台北《たいほく》」（現・台湾大学）、そして本土に「大阪」「名古屋」と新設され、最大9帝国大学となった。

また、現在の大学における「准教授」は長く「助教授」という名称だったことはご存知だと思うが、この制度も明治生まれである。1881（明治14）年には東京大学で、日本人教授数が外国人教師数を上回ったのだが、このときの職制改正で生まれたのが「助教授」という職制だった。なお、同じ職務内容でも日本人は「教授」で、外国人は「教師」と呼ぶことが、職制で定められていた。

「肺炎」「結核」が〝死の病気〟

現在では、老人や乳幼児がかかると怖いとはいわれるが、平均的な成人にとって「死に直結する」というイメージが少ない病気、「肺炎」。もちろん、処置が遅れたりすれば一大事なのは変わりないが、特効薬も見つかっている現在では、日本人の死因上位トップ3に入るようなものではない。

しかし、厚労省のデータによれば、明治後期の日本人の死因第1位が、この「肺炎」だった。厳密には「気管支炎」も含むが、人口10万人あたり200〜300人が肺炎や気管支炎で命を落としていたのだ。

続いて死因第2位だったのが「結核」。こちらは、戦後にかけて長いこと「死の病気」として恐れられていたことは有名だ。有名な俳人・正岡子規をはじめ、結核に倒れた著名人も数多く、咳き込みながら血を吐くシーンは、こうした著名人が登場するドラマや映画などではよく見られる。

この「結核」はこの頃、死の病として人口に膾炙されはじめていた病気だ。これも厚労省のデータで、1899(明治32)年には10万人あたり155人前後だったのが、10年後には230人前後にまで急増。死因第3位から第2位に急浮上したほどだ。

「結核」と同じ位の死亡者数だったのが、「脳血管疾患」、つまり現在でいう「脳梗塞」や「脳溢血」、「脳内出血」などと思われ、江戸時代までは「卒中」と呼ばれた症状である。

明治末年になって「脳血管疾患」を抜いて第3位だった死因に「胃腸炎」がある。これは現在の胃ガンや胃潰瘍なども含まれている。

「結核」は、体力が著しく低下しているときなどに発症し、重症化しやすい。そこで、「富岡製糸場」のように、衛生環境や労働環境が整っているわけではない民間企業の一部では、工女たちが集団で「結核」に冒されるようなことも少なくなかった。食事休憩もなければ満足に休息も取れず、1日10時間以上も働き詰めでは、体力がなくなる一方だ。そこへきて不衛生な寄宿舎に閉じ込められ、食事も満足に与えられないとあっては、どんな健康優良児だって、いつしか病気になってしまう。「結核」は空気感染するため、集団で不衛生かつ栄養失調状態に置かれたら、集団感染することも当然だった。

特効薬がない上に、薬が高価だったことも治療を難しくしていた。輸入品頼みだった治療薬は、平均すると1週間分で8円ほど。全治まで50週間(約1年)かかるとされていたから、薬代だけで3000円以上にものぼる。白米1升16銭ほど、明治末の1912(明治45）年まで数年間、凶作などで高騰しても25銭だった時代。明治期を通じて、ほとんど価格が上がらなかったもりそば・かけそばが1杯3銭だったことなどを合わせると、いかに高額の治療費だったかがわかる。

だから療養もままならない。失意のうちに郷里へ帰る（帰らされる）者も多く、その場合は「伝染されると困る」という理由から、薄暗い部屋に閉じ込められて隔絶されることも多く、そうなるとますます全快は望めなかった。

他にも、死因上位ではないが、明治人たちを恐れさせた病気にコレラや赤痢もあった。「コレラ」は「コロリと死んでしまう」から「コロリ」とも呼ばれていた死の病気である。発病すれば7割以上が死に至っていたとされ、特に１８７９（明治12）年と１８８６（明治19）年に日本中で猛威を振るった。

このうち後者のとき、日本中で「コレラ退治にいい」と評判を呼び、大流行した飲料が「ラムネ」だった。「文明開化」を代表する味のひとつとして知られていたが、何に効果があるとされたのか……。

実は味や原料などではなく、ラムネの口栓に使われる「コルク」に効果があるとされたのだった。コレラの猛威が収まるまでラムネが大人気だったから、一山当てようと新たにラムネ屋さんになるものが続出したが、コレラの流行が収まるとともに、その異常なラムネ人気も衰退していくことになった。

その後も2〜3年周期で流行を見せたコレラは、明治の人たちにとって恐ろしすぎるほど恐ろしい病気の代表格でもあったのだ。

コレラというと、電話が普及をはじめた当初は、「コレラの感染源になる」ということで電話という文明の利器が敬遠され、普及が立ち遅れるといった珍事もあった。

そして「赤痢」は、明治半ばごろから急速に患者数が増えはじめた病気だ。そもそも日本にはない南方の風土病だから、開国と大きな関係があった。

明治30年代には患者数が10万人を突破していたようで、そのうち3割近くは死亡してしまったという病気だった。消化器系の伝染病は、生活環境の衛生状況、特に下水道設備との関連が大きいということは、現在では知られているが、当時はそんな知識もない。外国人と触れ合う機会が多い都市部での流行が多かったようだが、外来の病気なので地域と外国人との交流の多さが関係していたからだろう。

当時の自動車はマラソンランナーより遅かった?

世界初の自動車が発明されたのは、明治維新を遡ること約100年。フランス人のキニョーが1769年に、蒸気で走る時速10キロメートル程度の機械を作り出したのが、最初とされている。

その後、電池の発明によって電気自動車が登場したり、ワットによって、新型の蒸気機関を用いた自動車が開発されるなどの進化が続いたが、現在も走る、ガソリンを燃料とした内燃機関による自動車の先祖ということになると、その登場は1885年前後まで待たねばならない。

ドイツ人のダイムラーが、木製二輪車にエンジンを搭載して実験したのは1885(明治18)年。続いて四輪車を開発したのは翌年だった。その年に同じくドイツ人のベンツがガソリンエンジンの三輪車を開発、販売を開始している。現在に通じる自動車構造の基礎として、車体前部に搭載したエンジンの力で後輪を動かす「FR方式」を考案したのがフランス人のパナール。1891(明治24)年のことだった。このときに販売された「パナール・ルヴァソール」モデルは、1898(明治31)年に日本で初披露された自動車でもあった。

余談だが日本人初の自動車所有者になったのは、「大倉財閥」の御曹司だった大倉喜七《きしち》郎《ろう》である。この財閥は後に「ホテル・オークラ」を経営し、今にその名を留めている。

さて1899(明治32)年の購入時には、17歳というハイティーンだった喜七郎。車の魅力に取り憑かれ、その後の長い留学期間中に、各地で自動車にかかわるさまざまな視察を重ねた。一方で運転技術を磨き、海外ではサーキットで腕を披露していた。1907(明治40)年に東京で開催された日本初の自動車レースにも、2台エントリーしている。

このように明治時代、発明されたばかりの乗用車はまだまだ高価な乗り物であった。国産車第1号とされるのは、1904(明治34)年に山羽虎夫《やまはとらお》が完成させた「山羽式蒸気自動車」とされるが、タイヤが外れやすいという欠点があり、陽の目を見ることはなかった。

ちなみに当時の自動車は、どれくらいのスピードが出たのだろうか?

1865(慶応元)年にイギリスで制定された「蒸気自動車法」では、郊外では時速6・4キロ、市街地では時速3・2キロに制限することが定められていた。また、アメリカ初の自動車を規制する法律として、1901(明治34)年に制定されたコネチカット州法では、郊外では時速24キロ、都市部で時速19キロと制限されている。

日本で制定された法律でも、1907(明治40)年のルールで法定速度は約12キロだった。当時は取り締まる法律がないばかりではなく、免許制度なども整備されていなかった。

平均的な人間の歩くスピードは時速3〜4キロくらいだから、明治初期の自動車は平均的な人が走るスピードと、あまり変わりなかったようだ。42キロちょっとの距離を2時間前後で走り抜ける一流マラソンランナーの走る時速は20キロほどだから、コネチカット州法の時代でも、現代に置き換えれば「一流マラソンランナーより早く走ってはダメ」という程度の制限。現在のマラソンランナーが当時にタイムスリップしたら、みんなスピード違反で取り締まられてしまう。

かといって、最高速度の記録もこの程度だったかというと、そうでもない。20世紀に入って間もなく打ち立てられた、蒸気式自動車の世界最高記録は、時速200キロ以上もあったのだ。

自動車の生産体制に画期的な変革を与えたのは、自動車ファンには常識ともいえる「T型フォード」である。1903(明治36)年にフォードが創設した「フォード社」が、大量生産システムを導入して世に送り出した自動車こそ「T型」だった。生産開始から5年後には「ベルトコンベアー方式」を確立して、自動車の低価格化を実現。2年後には、早くも累計生産台数100万台を記録している。

これにより、自動車は急速に「庶民の足」としての地位を固めていくのだが、日本はまだ、その波に乗ることができるほど、国内市場や庶民の経済力が育ってはいなかった。一部の金持ちや官公庁などが、少数を輸入して利用する程度で、庶民には雲の上の存在だったのが、当時の自動車だった。

ちなみに本格的な国産ガソリン自動車第1号は、「T型」と同い年である。「タクリー号」がそれで、約10台が製作された。

その後、長く輸入自動車に頼る時代が続き、「三菱造船」が日本初の量産自動車「三菱A型」を開発したのは1919(大正8)年のことだ。「ダット自動車製造(現・日産)」が設立されて本格的に国産自動車の開発・製造に着手するのは昭和に入ってからだった。

日本で本格的に自動車が普及するようになるのは、大正時代後半。「関東大震災」で庶民の足だった路面電車が運行不能になり、公共交通機関として自動車=バスが注目されたためだ。

明治人が予想した現代日本の姿とは？

日露戦争直前の1901（明治34）年。十数年前の現代と同じく、当時も「ミレニアム」を記念したイベントやお祭り騒ぎが、世界的に流行していた。そんな時期に、「報知新聞」が掲載した「二十世紀の予言」という記事に、100年後の日本や世界がどうなっているのか、という予想が、科学的根拠を軸にしながらいろいろと挙げられていた。

20世紀末現在で、実際に実用化されたり目標をクリアしていたものが意外とあって、明治人の鋭い感性や観察眼をうかがわせる。

例えば、「寒暖が調節できる機械」。これはエアコンとして広く普及している。次に「写真電話」。これもインターネットの普及によって、一般人でも普通に使える実用品としてすでに確立している。そして「東京〜ニューヨーク間の通信」。このレベルなら、20世紀末を待つことなく実用化されている。今や世界中どこでも通信網が発達して「クラウド」などという思想が、当たり前になっているくらいなのだから。

実用化レベルとしては惜しい「ニアピン賞」のようなネタもあった。こちらの例としてたとえば、「東京〜神戸は鉄道で2時間半」などがある。2014年現在、東京〜新神戸間は新幹線のぞみ号で3時間弱なので、実に惜しい。これくらいの誤差なら正解としてもいいだろう。「犬や猫と会話できるようになる」という予想も、「バウリンガル」などの、犬の言葉を翻訳する機械が発売されているから、合格点といってもいいレベルだ。もっとも、現在の技術レベルでは犬の感情を類推しているにすぎないから、言葉として意味を汲み取っているかというと大きな疑問が残される。

完全に「ハズレ」というものも、近未来に対する明治人の期待感の表れとして見ればおもしろい。

こちらの例では、「蚊やノミが衛生事業の発達で滅亡」という、現代人でも実現してほしいと願うような事柄もある。

「野獣が滅亡している」という予想は、20世紀にさんざん世界で話題となった「絶滅動物」の話題と重なる。明治人は科学が発達して自然環境が失われることを予想していたと思われるが、高度成長期の公害問題や、現代社会が抱える環境汚染問題などを並べていくと、予想の方向性としては間違っていなかったのではないだろうか。しかし、現代ではこれらの問題がマイナスの側面として受け止められるのが一般的だが、当時は恐らく、科学が高度に発達した輝かしい未来の象徴、としての予想だったのかもしれない。

こうしたことを考えられたのも、明治に入ってからの急速な近代化を、その肌身で強く感じ取っていたからだろう。外国からは「諸外国が400年かけた歩みを、わずか40年で達成した」と賛美されたこともあるほど、明治期の日本の成長には眼を見張るものがあったからだ。

「富岡製糸場」が誕生して、わずか30年後に出たこの記事。その30年で、誰も知らない鉄道が日本にもたらされてからも、ほぼ同じ年月が経過しているが、すでに東京から青森にいたるルートは完成し、東京から神戸の東海道線も全通、そればかりか、日清戦争の時代にはすでに、広島まで山陽鉄道が伸びていた。このような急速な社会の変化を前に、いろいろと空想が膨らむのも自然なことだ。

逆に、当時の科学水準からは想像もつかなかったような新技術が、普通に使われている例もある。紙面や編集の都合で記載されなかっただけかもしれないが、少し触れてみたい。

まずはパソコン。それに類似する、あるいは前身のようなシロモノがなかったのだから仕方ないかもしれない。電子機器ではゲーム機なども該当するだろう。もっとも、主な使いかたこそ違うが「写真電話」はパソコンとかぶっているといえなくもない。

また、ラジオすらなかった時代からは、レコード盤やCD、ブルーレイディスクといった記録メディアに想像力が働かなかったとしても無理はない。ただし双方向性だということを無視すればテレビが該当しているかもしれないのが、これまた「写真電話」。

もう少し、記事の内容を紹介してみよう。

「日本は琵琶湖を、アメリカはナイアガラの滝を使って水力電気を起こす」というのは、実際にアメリカのナイアガラ水力発電所で片方が実現している。「馬車はなくなり自動車が安く買えるようになる」というのは、すでに当たり前の風景となった。「写真電話で遠くの品物を鑑定し売買ができる」というのは、ネットショッピングやテレビショッピングで、日常的なものだ。「80日はかかっている世界一周は7日でできるようになる」というのも、飛行機を乗り継げば簡単にできる世の中になった。

ちなみに記事には全23項目が挙げられているが、文部科学省が発行した2005（平成17）年度版『科学技術白書』では、半分近くの12項目が的中、5項目が一部実現、6項目が実現していない、という検証結果を載せている。

日本中が1年間も怯え続けたハレー彗星

明治時代の科学パニックを代表する例が「ハレー彗星騒動」だ。1910（明治43）年に地球へと接近してきた当時は、まだ迷信などが色濃く残る時代で、ハレー彗星についてもいろいろなウワサがまことしやかに飛び交っていた。

多かったのは「地球が終わりを迎える」という絶望的な終末論。

彗星の尾は見た目よりはるかに巨大で、これが地球をスッポリ覆ってしまう、というのは序の口で、彗星が接近すると、その影響で地球から海水がこぼれ落ちてなくなってしまう、というトンデモ論も真剣に庶民が口にしていた。これは引き続いて世界各地に大洪水をもたらすというオマケもついて、国民を恐怖させることに。信ぴょう性が高かったものに、彗星の尾に含まれるガスで地球は真っ黒焦げに焼けてしまう、というのもあった。

地球が無事でいられないなら、人類なんて滅亡してしまうはず。そういうウワサも多かった。中でもさまざまなバリエーションで語られていたのが、「人類みな窒息死《ちっそくし》」論。

彗星の尾に含まれる猛毒ガスを吸い込んで呼吸不能になり窒息するとか、いろいろなことがいわれたが、中でもサイエンスな根拠を持っていたのは「彗星の尾《お》には大量の水素があり、大気中の酸素と化合して水素爆発を引き起こすど同時に酸素がなくなる」というもの。いかにもという感じでもっともらしいので、科学に詳しくない人でもコロリと信じ込まされた。

猛毒ガスにせよ酸素不足になるにせよ、彗星が接近している間だけ、空気を絶やさないようにすればいいではないか。そう考える人も多かった。そこで登場するのがゴムチューブ。ここに空気を溜めておき、「今から危険」というタイミングでチューブに取り付けた吸入口に口をつける。そしてチューブ内の空気で呼吸を続けて、「もう大丈夫」となったら口を離す。タイミングを誰が測って教えるのか曖昧なのはご愛嬌だが、おかげでゴムチューブの販売量はうなぎ登り。とにかくゴムチューブは当時の大ヒット商品となった。

一方で、どうせ死ぬならボロ儲けしようと考えた人物も多かった。ヒットしたのは「彗星除けの霊薬」で、「これを飲めば彗星の厄災《やくさい》から逃れられる」と掲げた丸薬が飛ぶように売れることに。こんな騒動が1年近くも続いたのだった。

人の無知と弱みにつけ込んで、「珍薬」商売でボロ儲け！

現代と比べると科学的な知識にまだ乏しかった明治時代。探求すべき謎が多く残されているということは、それだけでロマンあふれる世界ということだから、どちらがいいと単純に決めることはできないが、今も昔も変わらず存在するのが「サギ師」。当時は何が効果を持っているのか、まったく不明な原料を用いたりした、怪しげな薬も数多く登場している。現代なら薬事法などの法律で、間違いなく逮捕されること請け合いの悪質な商売だが、これに群がる庶民も数多く、しかも騙されているとは気づいていない、あるいは売っている側に、騙している気持ちが微塵もなかったりするからややこしい。

ガマガエルとナメクジ、それにシマヘビ。この3つを原料として作られた薬は？

答えは「子供ができなくする薬」。つまり「避妊薬」。おそらく作っているほうも売っている人間も、これらの動物の何が有効成分で、体内に取り込むとどのように効果を示すのか、さっぱりわからなかったと思える。もちろん、ガマガエルは筑波山のガマ売りでも知られるように、膏薬《こうやく》として広く認識されてはいたが、それにしても……。

この薬が人気を博したのは1906（明治39）年。日露戦争終結の翌年だが、戦争とはまったく関係なく、全国各地で類似商品が飛ぶように売れた。

最近では気にする人も減ったようだが、この年は「丙午《ひのえうま》」であった。もともと「丙午」は厄災がよく起きる年だとされてきた。これをもとに江戸時代から「丙午に生まれた女性は気性が荒く夫の生命を縮める」と信じられていた。出産前に性別を科学的に判断できない時代でもある。子供は天からの授かりものだけど、せめてこの年だけは避けたい……これが当時の一般的な親心。そこで「お母さんの卵」たちが、こぞって買い求めたのだ。

おそらく干して粉末にしたものを調合したのだろうが、大繁盛ぶりは新聞記事にもなったほど。

人気が出れば便乗しようという人間が出てくるのは当然のことで、全国各地で「二匹めのどじょう」を狙う人が後を絶たず、漢方薬などを手がける製薬業者なども参戦したため、原料が不足する事態に陥ったのだ。

ガマガエルも、ナメクジですら価格が急激に跳ね上がり品不足に。しかし次の「丙午」は60年後だから、商売を継続する意味もない。というわけで、1年もすると嵐のようにブームは去っていき、ナメクジたちにも平穏な日が戻ったのだった。

インフルエンザを防ぐのは、ワクチンじゃなくておまじない

明治も半ばにさしかかった、1890（明治23）年。日本では「お染風《そめかぜ》」という奇妙な病気が流行した。症状は風邪に似ているが高温にうなされ、場合によっては死者が出るという恐ろしい病気だ。しかも患者がひとり出ると、近隣で同じ症状を示す患者が次々と現れる。何かの災いではないかと、人々は原因不明の聞いたこともない病気に恐れを抱いたのだった。

そして、どこかで誰かが、「チチンプイプイと唱えたら、家族が病魔から逃れられた」とか、「神社のお札を家の3か所に貼ったら熱が下がった」などと言い出せば、それを聞いた人々はマネをして病気を自分や家族から遠ざけようとした。つまり未知の病気に対して「おまじない」で対抗したのだ。そして、それが通用すると本気で信じていた。

もっとも広く利用されていた方法は、「久松留守《ひさまつるす》」や「山家屋《やまがや》」と書いた赤い紙を玄関

先に貼ること。これには理由がある。

この「お染風」とは、現代でいう「インフルエンザ」のこと。神戸などの貿易港からアメリカ経由で日本にもたらされていた。人々を病気で「染め上げていく」から「お染」、そして歌舞伎や浄瑠璃の心中物語『お染久松《そめひさまつ》』に由来しているとされている。この『お染久松』の主人公・久松を病気の原因に見立てて、「あなたが愛する久松はここにいませんからお帰りください」という意味を込めたのが「久松留守」。「山家屋」は自分の意志に反して嫁がされそうになるのが「山家屋」だから、「お染」はこの名前を見れば去るに決まっている、という考え。

当時はまだ、日本人にとってインフルエンザが未知の病気だったばかりではなく、世界でも原因がわからない、謎の病気とされていた。というのも、インフルエンザを引き起こすのはインフルエンザウイルスだが、当時の顕微鏡にはウイルスそのものを発見できるほどの倍率がなかったためだ。だから世界的にインフルエンザは恐れられたのだった。

しかし「お染風」への対抗策は、どこか優雅さというか風流な「粋《いき》」が漂っているように感じる。余談だが江戸時代には、風邪などが大流行すると、講談や芝居などで有名な女性の名前をつけられることも多かった。例えば1798（寛政10）年に北米を起点として世界中に流行した風邪は「お七風」で、これは『八百屋お七』に由来する。

日本人の貯蓄好きは、日清戦争がキッカケ

現代では、日本は外国から「貯蓄が好き」な国民性を持っているといわれる。確かに日本人は、資産をどうしておくかという場合、証券会社で株を買ったりするより、ひとまず銀行や郵便局に預貯金する、という手段を選びやすい傾向にある。

バブルが弾けて「失われた20年」などと呼ばれる経済的な低迷期に、たとえゼロ金利政策が続こうと、金融危機などが叫ばれようと、基本的に預貯金に頼る姿は、あまり変わっていないようだ。

ちなみに国民一人あたりで見ると、日本人は400万円ずつ預貯金をしている計算になる。あくまでも平均値だから、預貯金ゼロの人も多いだろうし、ひとりで何億円も持っている人もいるから、実感できない人もいると思うが、こんなに預貯金に励む国民性を持つ国は世界でも珍しいのだ。

では、昔から日本人は預貯金が好きだったのかというと、そうでもない。全国の例ではないが、江戸時代の江戸庶民であれば「江戸っ子は宵越しの金を持たない」という言い回しもあるほどで、安定した将来の保障などないから、使えるものは使えるときに使った。明治に入っても、近代的な金融機関の成長と金融制度の確立を急ぐ政府にとって、金融機関を国民が利用することを願った。手っ取り早いのは預貯金だが、これがなかなか定着しない。

国が預貯金してほしいと願った理由は別にもあって、財政難を救う資金源として、国の影響力が強かった当時の金融機関に働きかけて、預貯金を一時的に拝借できないものか、と考えていた部分もあった。

そして１８９４（明治27）年の日清戦争。相変わらず慢性的な資金不足に悩む政府は、莫大な金額になると予想される日清戦争の戦費をどう工面するか、妙案がなく困り果てていた。外国人に国債《こくさい》を買ってもらう外債には頼りたくない。開戦は間近だ。

そこで着目したのが順調に成長している銀行と金融産業。日用品を節約してでも少しずつでも貯蓄しよう、と国民に呼びかけ、預貯金奨励キャンペーンとでも呼ぶべき作戦を展開した。そして銀行というものへの理解が進み、庶民にも馴染みある存在になってくると、国民はコツコツ預金をする習慣がついてきたのだ。

そして10年後。1904（明治37）年に起きた日露戦争でも、同じように戦費の調達をどうするか、政府は悩んでいた。日清戦争以上に膨大となることが簡単に予想されていたが、できるだけ外国資本の世話にはなりたくない。

そこで「夢よもう一度」とばかりに、またもや「預貯金は国のためになります」というキャンペーンを展開したのだ。

すでに国民は預貯金というものを理解していたし、日露戦争までの苦労が報われるなら、という一体感がある国民感情も手伝って、日清戦争時以上の成果を上げることに。しかし肝心の戦費は、そうした積極的な国民の支援だけではどうにもならない規模になっていた。そこで政府は日露戦争では、ついにイギリスやアメリカなどの外国資本を頼ることになるのだ。

第5章

世界遺産がもっと面白くなるミニ知識

そもそも「世界遺産」ってなに？

２０１３年に日本を代表する景観「富士山」も登録されて話題となったが、そもそも「世界遺産」とは何なのか、詳しくご存じだろうか。

その歴史は１９７２年にスタートした。国際連合の一機関で、経済社会理事会の下位組織である「ユネスコ（国際連合教育科学文化機関）」。その総会が採択した「世界の文化遺産及び自然遺産の保護に関する条約（通称・世界遺産条約）」に基づいて登録されているものだ。

その分類や基準などは次項で説明するが、文化財保護は１９４６年にユネスコが創設されて以来、ずっと最重要懸案事項でもあり続けた。例えば１９５４年に、「ハーグ条約」によって、武力紛争の最中でも文化財などは破壊から守るべきだ、と定められたのは好例だ。

そして「世界遺産」運動をはじめるキッカケになったのが、１９６０年にエジプト政府が国家事業として建設をはじめた「アスワン・ハイ・ダム」。ダムが完成すれば流域の一部は水没してしまう。その流域に「アブ・シンベル神殿」などが遺《のこ》る「ヌビア遺跡」が含まれていたのだ。

ユネスコはさっそく、「ヌビア水没遺跡救済キャンペーン」を展開。もちろん、国家の経済成長を大きく左右するダム事業に反対はできないが、世界各国の最終的には60か国から技術支援や考古学調査支援が集まった。そして貴重な神殿遺跡の移築が実現したのだった。この一件が教訓となって、世界各地に遺された歴史的な価値のある遺跡などを開発の手から守ろう、という機運が高まる。そのためには国際的な組織運営が必要だということも合わせて論じられるようになった。

１９６５年には「国際記念物遺跡会議」という国際組織が発足し、同じ年にアメリカでは「ホワイトハウス国際協力協議会自然資源委員会」が創設された。この委員会が「世界遺産トラスト」を提唱している。

こうした世界的な流れが一本化されたのは１９７２年。国連の「人間環境会議」で各種の「世界遺産」に関するプロジェクトが一体化し、それがユネスコ総会で「世界遺産条約」として採択（満場一致）されて、今日へ続く流れが生まれたのだ。

ちなみに条約の批准も締結も、第1号は主導的な立場にあったアメリカ。20か国が締結した１９７５年になって発効されている。

日本が批准したのは遅く、先進国ではラストになった。「世界遺産」というものが長らく日本で脚光を浴びなかったのは、日本が批准していなかったからだ。年配のかたなら覚えている向きもあると思うが、平成に入ってから急に騒がれ出したという記憶は間違いではない。日本が批准・締結したのは1992（平成4）年のことで、世界で125番め（現在はユーゴスラビア解体によってひとつ繰り上がっている）。2013年時点での締結国は190だから、やはり遅い部類に入る。しかし、騒がれた当時、すでに20年近い実績を積み上げていたプロジェクトだったことは、当時はあまり知られていなかったのではないだろうか。

その「世界遺産」登録に向けて「富岡製糸場と絹産業遺産群」が名乗りを上げたのは2006（平成18）年11月のこと。富岡市と群馬県、そして関連する7市町村が合同で「世界遺産暫定一覧表」への追加記載について、文化庁に提案書を提出したのだ。年明けには「富岡製糸場と絹産業遺産群」が「世界遺産暫定一覧表の追加物件」として選定され、すぐさま「ユネスコ世界遺産センター」にも受理されることに。

その後は「顕著な普遍的価値」を証明する証拠集めなど推薦準備を行う。それから関係各所の推薦了承を得たのが2012（平成24）年のこと。そしてその年の8月に「世界遺産条約関係省庁連絡会議」が、「富岡製糸場と絹産業遺産群」の世界遺産への推薦を決めたのだった。政府からユネスコ世界遺産センターに正式な推薦書が提出されたのは、さらに時を経て2013（平成25）年1月のことだった。

遺跡群の中心的存在となる「富岡製糸場」は、2005（平成17）年に国指定の史跡になり、登録への第一歩を踏み出す直前には、特に古い建造物が国の重要文化財に指定されていた。官営模範工場としての歴史もあり、1987（昭和62）年まで操業していたという〝日本近代化の生き字引き〟のような存在でもあり、「産業遺産」として申し分ない日本の代表だということで、世界の舞台で「審査」される道を選んだわけだ。余談だがこのような性質を持つ「世界遺産」はほかにもあって、イギリス・ダーウェント渓谷の工場群やイタリアにあるクレスピダッタなどが、繊維産業界の「世界遺産」の先輩として、すでに登録されている。

こうして、次項で取り上げる厳しい基準をクリアして、めでたく「世界遺産」の仲間入りをしたのが「富岡製糸場と絹産業遺産群」だ。

世界遺産にはどんな種類があるの？

世界遺産は、公式には3つの種類にわけられている。

①文化遺産
②自然遺産
③複合遺産

①については、「著しい普遍的な価値を持つ建築物や遺跡」を指している。

②については、「著しい普遍的な価値を持つ地形や生物多様性、景観美を備える地域など」が該当する。

③については、「文化」「自然」双方について「著しい普遍的な価値を持つ」ものとされる。

しかし「著しい普遍的な価値」は明文化された基準があるわけではなく、選定のための作業指針で定義が示されているだけだ。そもそも「普遍的な価値」というものを判断することと自体がかなり困難な課題で、後述するように世界遺産という制度の課題点や矛盾点を生むひとつの大きな要因にもなっている。

作業指針で示されているのは、10ある「世界遺産登録基準」のうち、どれかひとつ以上を満たしているかどうか。そして基準を満たした世界遺産候補のうち、「最上の代表」を選び出すというルールになっている。

10の基準とは以下のとおり。

①人類の創造的な才能が表現された傑作
②ある期間や文化圏において、建築や技術、記念碑的な芸術、都市計画、景観デザインの発展について、人類の価値の重要な交流を示すもの
③現存するか消滅した文明や文化的な伝統の、ただ一つか稀な証拠となっているもの
④人類史上の重要な時代を例証する建築様式や建築物群、技術の集積や優れた景観
⑤ある文化（複数にまたがるものも含む）を代表する伝統的な集落や、陸上や海上などの際立った利用例か、不可逆的な変化の中で存続が危ぶまれている人と環境の際立った関係の例
⑥顕著で普遍的な意義がある出来事や現存する伝統、思想、信仰あるいは芸術的、文化的作品と直接もしくは明白に関係があるもの
⑦特に優れた自然美や美的な重要性がある最高の自然現象、または地域を含むもの

⑧地球史上の歴史的な重要段階を示す顕著な見本
⑨陸上あるいは水棲の生態系や生物群集の進化と発達について進行中の、重要な生態学的、生物学的なプロセスを示す明確な見本
⑩生物多様性の保存にとって最重要かつ意義深い自然生息地を含むもの

言葉で羅列するとちょっと難しいが、とにかく「ほかにはない」「ほかより優れている」というような点が重要視されていることはわかるだろう。これらには、さらに細かく定義付けなどがされていて、それらもまったく不変ということではなく、変更されながら運用されている。

「登録される種類や地域などが偏っている」との意見も前々からあって、分類別では「文化遺産」が圧倒的に多いことに加えて、「世界遺産委員会」委員に選出されている国からよく選ばれる、という傾向も常に指摘されている。

そのため、公平性や信頼性を高めるための改革もされていて、例えば1994年に示された「グローバル・ストラテジー」という考えかたがその代表例だ。これは、20世紀以降に建設された現代建築物を登録するための比較研究をする必要があることを示したもので、この考えに基づいて選出されたものに、オーストラリア・シドニーの「オペラハウス」などがある。

また、石の建造物が主体で後世に残りやすいヨーロッパの建築物と比べて、木材や土で構成されていることが多いアフリカやアジアは、遺跡や建築物が後世まで残されることが少ないという問題もある。「真正性《しんせいせい》」というテーマ、デザインや材質などが本来の価値を有していれば「普遍的」といえるのではないか、という意見も出されていて、日本はこの定義を新たに加えるときには積極的に発言していた。

内容的な分類には含まれないが、後世に残すことが難しいと判断されたものは「危機遺産リスト」に登録されたり、「文化遺産」に含まれてはいるが「文化的景観」や「産業遺産」のように非公式ながら一般に通用する細分化された分類もある。

また、広島市の「原爆ドーム」や、ナチスによるユダヤ人大虐殺の舞台となったドイツの「アウシュビッツ収容所」のように、「負の世界遺産」として認識されるような遺産もある。

世界遺産はどうやって認定される？

世界遺産リスト登録までの流れは、「世界遺産条約履行のための作業指針」というもので定められている。この指針では、登録された後にも、遺産の保全状況を報告する必要があることなどが決められている。

「世界遺産」とは、誰でも簡単にユネスコに審査を依頼できるものではない。推薦できるのは加盟各国政府の「担当機関」であること、というルールがあるからだ。例外として「危機遺産リスト」に掲載したいものの場合は、個人や団体でも、明確な根拠をきちんと示せれば、申請を受理される可能性がある。「危機遺産」は正式な「世界遺産」の定義にはないものの「後世に残すことが困難な遺跡」だから、それを保護する活動団体などが申請できる余地を残してある、ということだ。

さて、「担当機関」だが、日本の場合は所轄官公庁が窓口となる。「文化遺産」に推薦するものなら文化庁が担当し、「自然遺産」に該当する場合は環境省や林野庁。「複合遺産」であれば、これらが密接にかかわることになる。ここに文化事業全般を担当している文部科学省、国土の使い道などを担当する国土交通省など、関連する官公庁がメンバーに入った「世界遺産条約関係省庁連絡会議」があり、この会議でゴーサインが出れば、めでたく「推薦物件」となる。つまり「日本代表」に選ばれたことになるのだ。

そして次は外務省の出番。「推薦物件」を「暫定リスト」という形でユネスコへ提出する。ここまできて、ようやく審査される資格を得られるのだ。

「富岡製糸場と絹産業遺産群」の場合も最初は文化庁に提案書を提出、先ほど見てきた関係省庁の承諾や了承を得て、外務省経由でユネスコへ推薦されたのは同じだ。

ユネスコへ推薦されたからといって安心はできない。そこではワールドカップやオリンピックのような、各国代表との戦いがある。もちろん実際に戦うわけではないが、チャンピオンや金メダリストに相当するのが「世界遺産」に登録されるということなのだ。

ユネスコに送られた「推薦物件」は、ユネスコの諮問機関に回される。前項で見たような基準を満たしているか、「世界遺産」にふさわしいかどうか、細かく厳しくチェックする門番のような機関だ。

「文化遺産」候補の場合、諮問機関は「国際記念物遺跡会議（ＩＣＯＭＯＳ＝イコモス）」。ここのメンバーが、提出された書類だけではなく実際に現地も訪れて実態を調査する。そして総合的な調査の結果、登録にふさわしいかどうかを判断する。「自然遺産」候補の場合は、「国際自然保護連合（ＩＵＣＮ）」が調査を担当。イコモス同様に書類だけではなく現地調査もして登録するに値するかを判断する。また、「文化遺産」であっても「文化的景観」についてはＩＵＣＮが協議に加わることもある。

これらの諮問機関から「登録しても大丈夫」とお墨付きを得られたら、最後の関門が待ち構えている。「世界遺産委員会」だ。

ここでは諮問機関の勧告を参考に最終的な審査がおこなわれる。「推薦物件」の審査結果は「登録」「情報照会」「登録延期」「不登録」の4種類あり、「不登録」になると同じ内容で再び推薦することはできない。つまり「自然遺産」で「不登録」となったら「文化遺産」で再推薦するしかない。

「登録」は「世界遺産リスト」に記載されることを意味する。つまり登録が正式に決定されるということだ。

「情報照会」というのは、遺産の価値は証明できているが保全計画に問題があるなどで、即登録はできないという保留状態を指す。きちんと期日までに、指摘された部分を補う追加書類の提出ができれば、翌年の「世界遺産委員会」で再審査を受けることができる。これも3年以内に「再推薦」の手続きが取られないと保留状態が解除され、一から出直しということに。遺産の価値を十分に証明しきれていないなど、さらに検討の余地が残されている遺産は「登録延期」と決議される。この場合は必要書類の追加提出をした上で諮問機関の現地調査を再び受ける必要がある。つまり「情報照会」より一段階手前まで戻されるということだ。そのため「世界遺産委員会」での再審査は、早くても翌々年以降になってしまう。

実は「世界遺産委員会」も諮問機関も、結論はまったく同じ4段階で示される。そして諮問機関の勧告で「情報照会」であっても委員会では「登録」になったり、諮問機関が「登録」としても委員会が「登録延期」と結論したりすることもある。ただ、諮問機関の段階で「不登録」と判定されると、委員会に提出することを取り下げる場合もある。最後の結論が「不登録」になると、そこでゲームオーバーとなってしまうからだ。

世界遺産になってからも大変だ！

「世界遺産」に登録されても、そこで終わりではない。登録されたらされたで、新たな作業が求められる。

義務付けられているのは「保全状況の調査」だ。これによって「世界遺産」であり続けるための資格があるかどうかを審査される。登録申請と同様に「世界遺産委員会」で6年ごとに保全状況の再審査を受けなければならないのだ。

もしも、この再審査のとき、「保全状況に問題あり」と判断されたらどうなってしまうのだろうか。こうなるケースとしては2パターンが考えられる。

まず、もともと「後世に残すことが困難な状況」に陥りやすい環境にあった場合だ。このケースでは、保全が十分でないという理由から「危機にさらされている世界遺産リスト（危機遺産リスト）」に登録を変更される場合がある。さらに現在は、2007年から新たに登場した「強化モニタリング」という分類もあり、保全状況の監視を強化する必要があると判断されれば、こちらにリストアップされ、「世界遺産委員会」が監視強化を要請する。この「強化モニタリング」対象は、必ずしも「危機遺産リスト」と重複するものではない。

もうひとつのケースは、「顕著な普遍的価値」がなくなってしまった場合だ。この場合は登録抹消という最悪の事態も起きる。

抹消例は数が少ない。それだけ、登録された遺産は、保全や監視にも力を注がれていることを示している。だから初の抹消ケースも比較的最近で、2007年のことだ。

抹消された「世界遺産」はオマーンにあった。「自然遺産」となったアラビアオリックスという動物の保護区がそれで、諮問機関IUCNが「登録延期」と勧告したにもかかわらず、「世界遺産委員会」が「登録」を決めた経緯もあった。つまり、ギリギリの線で「世界遺産」に選ばれた場所だった。保護計画の不備が問題視されていたのだが、「世界遺産」に登録が決まった後、オマーン政府は計画を充実させるのではなく、保護区域の縮小ばかりか国土開発計画を優先されることを発表したため、「顕著な普遍的価値」は維持できないと判断されて抹消されてしまった。

2009年にはドイツにある「ドレスデン・エルベ渓谷」が、景観を損ねてしまうと「世界遺産委員会」から警告されていた橋を、「住民投票」の結果により建設を決めたことが理由で抹消されている。

認定された世界遺産は、世界中でどのくらいの数があるの？

2013年時点で、190か国ある条約締結国のうち160か国に「世界遺産」は存在し、総数は981件に達している。内訳は「文化遺産」が759件で8割近くを占め、「自然遺産」が193件、「複合遺産」が29件となっている。

余談だが重複して登録されている「世界遺産」もあり、「ピレネー山脈のモン・ペルデュ」などがそうで、複数の国にまたがっているため、関係各国それぞれに1件ずつ登録されているとして勘定されているのだ。「ピレネー山脈のモン・ペルデュ」の場合はスペインとフランスに、仲よく1件として加算されている。

国別に見ると、登録件数のトップはローマ帝国時代の遺跡が数多く遺るイタリアで49件。およそ全体の5パーセントほどを占めている。次に多いのがアジア文明の母体ともいえる「黄河文明」や「揚子江文明」などを擁する中国で45件。続いてスペインの44件、フランスとドイツが38件の同数で並んでいる。不思議なことに「ギリシャ文明」で著名なギリシャは17件と伸び悩み気味だ。

地域別では、国別ランキングからも察しがつくように、ヨーロッパが圧倒的に多い。「文化遺産」では半分近くがヨーロッパに集中していて、イタリアなどに見られるように、同一自治体内に複数の「世界遺産」を抱えているケースもある。

かと思えば、条約締結国の2割近くには1件も「世界遺産」がなく、世界遺産委員に選出されている国の偏りが、「世界遺産」の分布にも影響しているのではないか、という指摘が以前からされている。というのも、世界遺産委員に選出される国は、登録数が多い国、という傾向があり、そうなると例えば、イタリアや中国などの登録数上位国が委員を務めることになる。それらの国から申請された候補を、自国の委員が審査することになるから、どうしてもバイアスがかかるのではないか、という指摘だ。

なお、1年ごとに審査する候補の上限があり、未登録国を除くと各国が推薦できるのは年に2件。全体の審議物件総数は45件となっているが、これは修正される場合も多い。

登録総数の上限はないものの、ユネスコで「制限をつけるべきでは」という議論もされることがある。

世界遺産登録第1号はどこ?

1978年、いよいよ制度が本格的にスタートした第2回世界遺産委員会で選出された遺産が第1号となるが、これはたったひとつではなく複数ある。栄えある第1号の栄誉に輝いたのは全部で12件。内訳は「文化遺産」が8件、「自然遺産」が4件だった。

〈文化遺産〉

・アーヘン大聖堂(西ドイツ=当時)
・ラリベラの岩窟教会群(エチオピア)
・キト市街(エクアドル)
・ランス・オ・メドゥ国定史跡(カナダ)
・ゴレ島(セネガル)
・メサ・ヴェルデ=現在は「メサ・ヴェルデ国立公園」(アメリカ)
・クラクフ歴史地区(ポーランド)
・ヴィエリチカ岩塩坑=現在は「ヴィエリチカとボフニャの王立岩塩坑」(ポーランド)

〈自然遺産〉

・ガラパゴス諸島（エクアドル）
・イエローストーン＝現在は「イエローストーン国立公園」（アメリカ）
・シミエン国立公園（エチオピア）
・ナハニ国立公園（カナダ）

ちなみに2013年の第37回世界遺産委員会では、「文化遺産」が14件、「自然遺産」が5件の計19件が新規に登録され、カタール、フィジー、レソトの3か国が新たに「世界遺産」保有国の仲間入りを果たしている。ここで日本の「富士山」が「文化遺産」として登録されたことは記憶に新しい。

余談ながら「富士山」は「富士山」として登録されているのではなく、登録申請の意図を明確化する意味もあって「富士山―信仰の対象と芸術の源泉」という名称になっていて、富士五湖や富士山本宮浅間大社《ほんぐうせんげんたいしゃ》ほか25の構成資産で成り立っている。

日本の世界遺産第1号は？

日本には2013年現在で「文化遺産」が13件、「自然遺産」が4件、合計17件の「世界遺産」が存在している。

記念すべき日本の「世界遺産」第1号は4件で、「文化遺産」「自然遺産」が各2件ずつ。条約の批准・締結をした翌年の1993（平成5）年に登録された。

〈文化遺産〉
・法隆寺地域の仏教建造物（奈良県）
・姫路城（兵庫県）
〈自然遺産〉
・屋久《やく》島（鹿児島県）
・白神《しらかみ》山地（青森県、秋田県）

都道府県別に見ると、17件しかないのに「白神山地」のように複数の自治体にまたがっているものもあるため、半数にやや及ばないものの20都道府県に存在している。せっかくなので登録順に残り13件も紹介しておこう。

・古都京都の文化財（1993年「文化遺産」京都府、滋賀県）
・白川郷《しらかわごう》・五箇山《ごかやま》の合掌造り集落（1995年「文化遺産」岐阜県、富山県）
・原爆ドーム（1996年「文化遺産」広島県）
・厳島神社《いつくしま》（1996年「文化遺産」広島県）
・古都奈良の文化財（1998年「文化遺産」奈良県）
・日光の社寺（1999年「文化遺産」栃木県）
・琉球王国のグスク及び関連遺産群（2000年「文化遺産」沖縄県）
・紀伊山地の霊場と参詣道（2004年「文化遺産」奈良県、和歌山県、三重県）
・知床（2005年「自然遺産」北海道）
・石見《いわみ》銀山遺跡とその文化的景観（2007年「文化遺産」島根県）
・平泉・仏国土《ぶっこくど》（浄土）を表す建築・庭園及び考古学的遺跡群（2011年「文化遺産」岩手県）
・小笠原諸島（2011年「自然遺産」東京都）
・富士山・信仰の対象と芸術の源泉（2013年「文化遺産」静岡県、山梨県）

おわりに

「富岡製糸場と絹産業遺産群」へ取材に行ったとき、感じたのは「教科書などで写真や説明文を見るだけとは大きく印象が変わるな……」だった。

正直にいうと、教科書などで「富岡製糸場」を見たとき、「ふ〜ん」としか感じなかった。説明文を読んでも同じだ。おそらく、ほとんどの人が同じだったのではないかと思う。

しかし、何でもそうだが、ちょっと詳しく調べてみると新たな発見あり、好奇心を刺激してくれる何かがありで、たちまちその〝隠された〟魅力に吸い込まれる。

例えば「富岡製糸場」だったら、小さい写真では気づかなかったガラス窓の歪みに当時の外国人技師の息吹きを感じたり、レンガの間をスッと通る手作り感漂う漆喰に、明治の職人の姿がオーバーラップしたり、寄宿舎と隣り合う工場の立地からは「通勤1分」という現実的な生活感を覚えたり……。

もっと驚いたのは「絹産業遺産群」だ。ハッキリいって、予備知識などなかった。何となく「重要なんだろうな」くらいの軽い気持ちで出かけたのも事実だ。

しかし現地で説明を聞いたら、とんでもない。「縁の下の力持ち」という言葉がすぐに浮かんだ。教科書にも載っていた記憶はないし、隠れて目立たない存在に追いやられてきたかもしれないが、その存在感の大きいこと。製糸業の根幹をなす一大革新が、割りと近所で同時多発的に起きていた。現代でいえば「シリコンバレー」のように、ここから最新技術に関する情報発信もされていたのだと思うと、ボランティアの解説員に根掘り葉掘り質問したくなってくる。

本書は「ガイドブック」ではなく「入門書」のような体裁なので、手にとって多少なりとも興味が膨らんだら、是非とも自分の目で肌で「遺産群」を感じてもらいたいと思う。また、かなりのページを幕末から明治期の、主に蚕業（産業）と関係が深そうな事柄について取り上げてみた。明治時代に興味が湧いたとか、「殖産興業」をもっと知りたくなったとか、そうして一人でも多く歴史への興味を深めてくれる読者がいたら幸いだ。

最後になりましたが、本書を世に出す決断をしていただいたＷＡＶＥ出版の玉越直人社長、編集の設楽幸生さん、企画実現に奔走いただき取材にも同行してくれた菊池企画の菊池真さん、本当にありがとうございました。

熊谷充晃

[参考文献]

天野郁夫『大学の誕生(上)』中央公論新社／石井寛治『日本の産業革命』講談社／今井幹夫『富岡製糸場の歴史と文化』みやま文庫／梅渓昇『お雇い外国人』講談社／エセル・ハワード、島津久大(訳)『明治日本見聞録』講談社／岡田哲『明治洋食事始め』講談社／茅原健『工手学校』中央公論新社／熊谷直『軍用鉄道発達物語』光人社／熊谷充晃『幕末の大誤解』『明治の日本』(ともに彩図社)／後藤寿一(監修)『明治・大正日本人の意外な常識』実業之日本社／坂野潤治『日本近代史』筑摩書房／坂本藤良『幕末維新の経済人』中央公論新社／佐々木譲『幕臣たちと技術立国』集英社／島田昌和『渋沢栄一』岩波書店／週刊朝日(編)『値段の明治大正昭和風俗史(上)』朝日新聞社／鈴木淳『新技術の社会誌』中央公論新社／鈴木芳行『蚕に見る明治維新』吉川弘文館／富岡市教育委員会(編)『日本国の養蚕に関するイギリス公使館書記官アダムズによる報告書』富岡市教育委員会／富岡製糸場世界遺産伝道師協会『富岡製糸場事典』上毛新聞社／富岡のまち編さん委員会(編)『富岡のまち　まちのおこり400年』富岡市教育委員会／西沢教夫『あなたが知らない日本史の裏話』新人物往来社／日本銀行金融研究所『〈増補・改訂〉日本金融年表(明治元年〜平成4年)』日本銀行金融研究所／原田勝正『明治鉄道物語』講談社／宮本又郎『企業家たちの挑戦』中央公論新社／湯沢雍彦、中原順子、奥田都子、佐藤裕紀子『百年前の家庭生活』クレス出版／和田英、今井幹夫(編)『精解　富岡日記　富岡入場略記』群馬県文化事業振興会／『読める年表　幕末維新明治』自由国民社

[画像・資料提供、取材協力]

群馬県(世界遺産推進課・群馬県産業経済部観光局観光物産課)／富岡市・富岡製糸場／藤岡市教育委員会文化財保護課／伊勢崎市教育委員会文化財保護課／田島弥平旧宅案内所／下仁田町教育委員会(下仁田町ふるさとセンター)／武者和実

※本書に記載されている地図及び施設などに関する全ての情報は、
2014年5月現在のものです。

著者紹介
熊谷充晃（くまがい・みつあき）
1970年、神奈川県生まれ。編集プロダクションに在籍後、週刊誌専属記者などを経て、現在は著書20冊を超えるフリーライター。取り扱うジャンルは歴史、社会時事、スポーツ、芸能、美容など多岐にわたる。企業や団体の公式サイトでの執筆も担当。歴史をテーマにした著書には『教科書には載っていない！ 幕末の大誤解』『教科書には載っていない！ 明治の日本』（ともに彩図社）『黒田官兵衛と軍師たちの「意外」な真実』（大和書房）など多数ある。

STAFF
撮影・編集協力／株式会社菊池企画
デザイン／金井久幸（TwoThree）
地図／Shige labo、五十嵐重寛
校正／鈴木俊之
企画プロデュース／菊池 真

世界文化遺産
富岡製糸場と明治のニッポン

2014年6月22日　第1版第1刷発行

著　者　熊谷充晃

発行者　玉越直人
発行所　WAVE出版
〒102-0074　東京都千代田区九段南4-7-15
TEL.03-3261-3713　FAX.03-3261-3823
振替00100-7-366376
info@wave-publishers.co.jp
http://www.wave-publishers.co.jp

印刷・製本　萩原印刷株式会社

©Mitsuaki Kumagai 2014　Printed in Japan

落丁・乱丁本は送料小社負担にてお取り替えいたします。
本書の無断複写・複製・転載を禁じます。
ISBN978-4-87290-694-3
NDC201 208P 19cm